丹江口水源涵养区
主要农作物绿色高效生产技术

◎ 赵建宁　周华平　肖能武　张百忍　张艳军　杨殿林　编著

中国农业科学技术出版社

图书在版编目（CIP）数据

丹江口水源涵养区主要农作物绿色高效生产技术／赵建宁等编著.—北京：中国农业科学技术出版社，2020.11

ISBN 978-7-5116-5029-0

Ⅰ.①丹… Ⅱ.①赵… Ⅲ.①水源涵养林-作物-高产栽培-无污染技术-丹江口 Ⅳ.①S318

中国版本图书馆 CIP 数据核字（2020）第 177515 号

责任编辑	王惟萍
责任校对	贾海霞

出 版 者	中国农业科学技术出版社
	北京市中关村南大街 12 号　邮编：100081
电　　话	（010）82106625（编辑室）　（010）82109702（发行部）
	（010）82109709（读者服务部）
传　　真	（010）82106625
网　　址	http://www.castp.cn
经 销 者	各地新华书店
印 刷 者	北京建宏印刷有限公司
开　　本	710mm×1 000mm　1/16
印　　张	14.75
字　　数	240 千字
版　　次	2020 年 11 月第 1 版　2020 年 11 月第 1 次印刷
定　　价	58.00 元

《丹江口水源涵养区主要农作物绿色高效生产技术》

编著委员会

主 编 著：赵建宁　　周华平　肖能武　张百忍　张艳军
　　　　　杨殿林

副主编著：郭元平　　章秋艳　张海芳　李　瑜　谭炳昌
　　　　　王　慧　郭邦利

参著人员：(按姓氏笔画顺序排名)

万　利	万德慧	马　俊	王小丽	王东歧
王丽丽	王金鑫	王　勇	王朝阳	王　巍
兰玉梅	司海倩	向世标	刘　巧	刘红梅
刘运华	刘志培	刘　杰	刘　涛	安　菲
孙莹莹	孙　琦	杨　柳	李文品	李世华
李　刚	李　军	李　坤	李学宏	李　夏
李　珺	李睿颖	李　慧	肖桂莉	肖　涛
吴晓琼	张乃芹	张　凡	张小福	张文慧
张世洪	张泽志	张　振	林艳艳	欧阳友香
欧阳秀兰	周　军	周　明	郑　敏	封海东
赵昌松	胡榜文	修伟明	秦光明	秦　洁
夏宏义	顿耀元	高晶晶	唐余成	唐晓东
唐德剑	黄　进	龚世飞	常　堃	崔　鹏
彭宣和	彭家清	彭　敏	蒲正斌	鲍国光
蔡高磊	蔡　婧			

前　　言

　　丹江口水源涵养区是南水北调中线工程核心水源区、国家级生态示范区和鄂西北国家级重点生态功能保障区，其水质状况不仅是生态环境问题，更直接关系到受水区水质的安全问题。

　　丹江口水源涵养区由于长期过度重视农业生产功能，造成农业生态系统生物多样性降低，农业化学品投入强度高，农业面源污染严重，土壤质量下降，农田生态系统综合服务功能弱化。发展区域资源高效、环境友好、生态保育型绿色高效农业，成为确保南水北调工程水质安全，加快农业可持续发展和农民增收的步伐，实现区域农村经济和社会发展所面临的重大科技需求。

　　《丹江口水源涵养区主要农作物绿色高效生产技术》一书共八章内容，从产地环境选择与建设、种植准备、种植技术、病虫草害防治、土壤与水肥管理、采收、储藏等方面详细介绍了水源涵养区主要农作物的绿色高效种植技术，旨在为区域内农业生产提供科学实用技术，促进绿色高效生态农业发展，提升农业可持续发展水平。该书可供农业生物多样性、绿色高效农业技术相关领域的科研、管理和生产相关人员参考。

　　由衷感谢参与本书编写的各位老师和同行专家。本书的出版得到了中国农业科学院协同创新任务"丹江口水源涵养区绿色高效农业技术创新集成与示范（CAAS-XTCX2016015）"项目的资助，在此一并表示衷心的感谢。

　　本书虽几易其稿，但由于我们水平有限，加之时间仓促，缺点和疏漏在所难免，敬请批评指正。

编著者
2020 年 5 月于天津

目　　录

概　　述

　　"南水北调"是党中央的重要决策，南水北调中线工程是南水北调工程的重要组成部分，对缓解京津及华北地区水资源短缺，改善受水区生态环境，促进该地区经济和社会的可持续发展具有重要战略意义。而素有"亚洲最大人工淡水湖"之称的丹江口水库，是举世瞩目的南水北调中线工程的调水源头。

　　丹江口水库位于长江中游支流汉江上游下段，于1958年开始建设，1973年竣工，坝顶高162米，设计水位157米。南水北调中线工程于2003年12月30日开工，全长1 432千米、历时11年建成，并于2014年12月12日正式通水。坝顶高程从原来的162米，加高至176.6米，设计蓄水位由157米提高到170米，总库容达290.5亿立方米，比初期增加库容116亿立方米，增加有效调节库容88亿立方米，增加防洪库容33亿立方米。

　　丹江口水库由位于湖北省十堰市境内的汉江库区和河南省淅川县境内的丹江库区组成，汉江库区主要接纳来自汉江上游及其支流的来水，丹江库区主要接纳来自丹江和老鹳河及其支流的来水，水源地总面积米9.5万平方千米。根据区域的地理位置、地形、流域等特征可以将其分为源头区、秦岭南坡、大巴山北坡、堵河流域、丹江流域和库区，水源地内河网密布，主要河流有汉江、堵河、丹江和发源于洛阳栾川的老鹳河。区域覆盖到甘肃、四川、陕西、河南、湖北和重庆6个地区的49个县（市、区），其中陕西、湖北和河南辖区的面积分别为63 073.5平方千米、21 570.2平方千米和7 501.9平方千米，分别占总水源地面积的66.3%、22.7%和7.9%，累计占总水源地面积的96.9%（水源区范围见图1）。

　　水源地由于受到淮阳山字形构造西翼反射弧的影响，其地质构造较为复杂，燕山运动造成了一系列的褶皱断裂带，同时也形成了一些陷落盆地，其海拔高度落差较大，最高海拔为3 516米，最低米89米，区域主要由大、小不同的中山覆盖，高起伏山区主要位于秦岭南坡和巴山北坡区域，同时区域存在中、低海拔的平原及低山，其平原主要有汉中平原、汉阴－安康走廊、竹溪盆地和南阳盆地，是主要的农业生产和生活区。

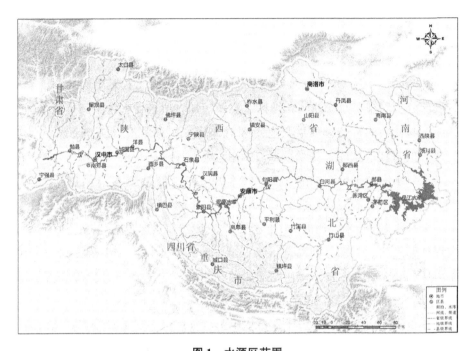

图1　水源区范围

（摘自《丹江口库区及上游水污染防治和水土保持"规划"》）

水源地位于的秦巴山区是我国南北气候过渡带，属于北亚热带季风区的温暖半湿润气候，具有四季分明、光能充足、热量丰富、降水集中、立体气候等特点。多年平均总日照为2 046小时；多年平均气温为15.9℃，最低1月平均气温为2.4℃，最高7月平均气温为28℃，极端最低温－13℃，极端最高温42℃。全年无霜期为248～254天，年均降水量850～950毫米。平均水面蒸发量860毫米左右，年内6－8月水面蒸发量最大，12月至翌年2月蒸发量最小。

水源地土壤主要类型有黄棕壤、棕壤、黄褐土、粗骨土、石灰土、新积土和水稻土等，以黄棕壤和石灰土为主，土层厚度米20～40厘米，其中耕地土层厚度一般低于30厘米。土壤酸碱度适中。由于土壤中N、P、K营养元素水平低、有机质含量低、土层较薄及沙石含量高等，因此，土壤肥力较差，高产优质土壤只占耕地面积的10%，中低产土壤占到90%。

水源地涉及的49个县（市、区）中，农业产业比重高，土地利用强度大，农业生产和农村生活对其库区水质造成了较大的影响。库区范围内，水稻、小麦、玉米、红薯等是主要的粮食作物；芝麻、烟叶、花生、油菜等是主要经济作物；柑橘、猕猴桃、苹果、茶叶等是主要经济林树种。库区流域范围内，农民受教育水平低，环保意识不强，农业生产主要采用传统的粗放耕作方式，缺乏现代农业生产技术的指导，不科学的农业生产导致了对生态环境的破坏和污染。一方面，库区流域范围内山地土地十分贫瘠，为提高农业生产的规模和效益，人们通过不断地垦荒造田、毁林造田等手段试图增加可耕地面积，土地开发利用不合理。大量化肥、农药和农膜被应用于农业生产，然而，其中只有少部分农药被植株所吸收分解，剩余的或挥发至空气中或大部分滞留在土壤中，随地下水地表水渗流入河流，进入库区，造成环境污染。农膜也会残留在农田中而难以彻底分解，不但影响耕作，也不利于农业种植持续生产。而且，少部分分解物释放出的有害物质会破坏土地生态系统，污染土壤和地下水。另一方面，随着农业生产结构调整步伐的加快，畜牧养殖业得以迅速发展。各种含有铜、砷、铅、锌、锰、铬等微量元素的添加剂被大量应用在畜禽生产过程中。然而，畜禽生命体对这些无机元素的消化利用率又极低，其中95%～98%经粪尿排到自然环境中，造成在局部地区环境对畜禽粪便的负荷量远远超标，严重影响土质、水质和整个生态环境。

南水北调中线工程，有别于东线、西线工程的农业生产用水，也有别于三峡水库能源用水，其主要功能是为京津唐地区提供生活用水。如何保障水源地水环境健康，确保"一泓清水永续北送"，已成为中线工程长期稳定、生态安全运行的当务之急。为保证调水水质的安全达标，国家对丹江口库区生态环境的治理、保护和建设提出了更高标准的要求。《丹江口库区及上游水污染防治和水土保持"十三五"规划》指出，要加强水源地生态建设，保护水土资源，提高林草覆盖率，增强水源涵养能力，推进节水型社会建设，实现山水林田湖系统治理和保护。

　　破解生态建设与库区发展的突出矛盾，重点在农村，焦点在农民，难点在农业。存在的主要矛盾，一是生态建设与耕地资源的矛盾。南水北调中线工程的实施导致库区范围内大面积土地被淹没，人地矛盾进一步加剧。以湖北省十堰市为例，为支持丹江口水库一期建设，淹没、占用基本农田40万多亩①，停耕还林202万亩坡地，全市人均常用耕地仅0.71亩，且坡多田少，耕地质量差；二期工程又淹没17万亩好田好地和8万亩高效经济林，停耕30万亩"只撒一把种就能获高产"的消落地。二是生态建设与农民增收的矛盾。随着大量好田好地一次又一次被征用，使得库区生产条件异常恶劣，农业基础异常脆弱，农民增收异常困难。农民增收的途径主要靠特色产业和务工经济，特色产业和务工经济占农民纯收入的80%以上。特色产业基地的淹没，大量高污染企业的关闭，使得农民持续增收与生态环境优化的矛盾更为突出。三是生态建设与扶贫开发的矛盾。库区位于秦巴山区腹地，整体经济社会发展滞后，是扶贫攻坚的主战场，按国务院《秦巴山片区区域发展与扶贫攻坚规划》，共有6个方面31处涉及库区。按全国生态功能区划（2015年修编版），秦巴山区被列为生物多样性保护与水源涵养重要区，生态重要性较高。如何解决环境、资源承载能力与经济社会发展的矛盾，是库区面对的重大现实问题。

　　解决生态建设与库区民生的突出矛盾，统筹库区生态建设、农民增收、扶贫开发、经济发展的根本途径，在于发挥库区山地比较优势，发展高效生态经济。生态农业是生态经济的基础，更是丹江口库区发展生态经济的重点。生态农业是以生态学和经济学原理为指导，以发展农业为出发点，实行农林水、牧副渔统筹规划，协调发展，并使各业相互扶持，相得益彰，促进农业生态系统物质、能量的多层次利用和良性循环，实现经济、生态和社会效益的统一。它是协调人口、资源和环境关系，解决需求与经济发展之间矛盾的有效途径；是对农业发展做整体和长远考虑的一项系统工程；是一套按照生态农业工程原理组装起来的，促进生态与经济良性循环的实用技术体系。

　　发展绿色高效生态农业不仅关系区域水质安全和生态安全，也是农业供给侧改革、区域农业可持续发展和社会长治久安重大战略需求，更是推动中国农业科

────────────────

　　①　15亩=1公顷，1亩≈667平方米，全书同。

学院科技扶贫、院地合作、创新驱动的重大科技任务。为此，中国农业科学院启动实施了"丹江口水源涵养区绿色高效农业技术创新集成与示范"协同创新任务，共有 10 个专业研究所、14 个创新团队、138 名科研人员共同参与实施。本项目以丹江口水源涵养区提升水质保护、水源涵养和促进高效生态农业发展，实现区域经济、社会和生态效益相统一为目标，协调推进资源高效利用和生态环境保护，确保农产品质量安全，系统性研发区域生物多样性利用及农田生态景观构建技术、农田绿色高效种植关键技术、养殖业废弃物高效循环利用关键技术与设备研发、生态型高效设施农业技术集成、南方丘陵区分散式生活污染物控制技术等，创建丹江口水源涵养区绿色高效生态农业技术模式，建立和完善丹江口水源涵养区绿色高效生态农业评价体系，提出丹江口水源涵养区绿色高效生态农业保障机制和配套政策建议，促进区域绿色发展提升农业可持续发展水平。

库区流域农业产业中，种植业长期占据主导地位。编写组从库区山地粮、蔬、果、菌、药、茶、桑等优势作物出发，在分析和总结协同创新任务最新研究进展的基础上，根据库区自然环境、气候类型等实际情况，因地制宜地提出"丹江口水源涵养区主要农作物绿色高效生产技术"，旨在让库区农民及相关从业者掌握现代农业科学实用技术，并自觉地应用到农业生产管理和建设的实践中去，促进库区生产高效、环境友好型农业全面发展，推进区域农业可持续发展和农民增收的步伐，实现生态环境与农村经济良性循环，达到经济、生态、社会三大效益的统一，为我国同类水源涵养区农业转型升级提供理论和技术支撑。

第一章　粮食作物绿色高效生产技术

第一节　普通玉米栽培技术

一、普通玉米基本状况简介

玉米是禾本科玉蜀黍属一年生草本植物，又名苞谷、苞米棒子、玉蜀黍、珍珠米等，营养价值较高，是优良的粮食作物，原产于中美洲和南美洲，广泛分布于美国、中国、巴西和其他国家。与传统的水稻、小麦等粮食作物相比，玉米具有很强的耐旱性、耐寒性、耐贫瘠性以及极好的环境适应性。

玉米作为水源涵养区主要粮食作物之一，从低丘平原到高海拔山区皆有种植。按照不同海拔高度可划分为三个区：低山夏玉米种植区、二高山玉米种植区、高山玉米种植区。低山夏玉米种植区主要采用小麦毁茬种植模式，二高山玉米种植区主要采用小麦+玉米套作、豆类+玉米套作、薯类+玉米套作等栽培模式，高山玉米种植区主要采用一年一季的种植模式。

玉米产业在得到长足发展的同时，也存在多种问题。一是光、热、土资源分布不均衡、地区间发展不均衡、区域间产量差异大。二是玉米品种多、乱、杂，主推品种不明晰，农民选种难，加之自然灾害，玉米生产水平尚需提高。三是玉米生产机械化程度低、劳动力成本高、产业收益低。在整地方面基本实现农机化，但在播种机、施肥机、打药机、收获机等使用上仍欠缺。四是集约化不够，仍以农户分散经营为主，没有大的专业合作社和大的玉米产品加工企业。五是轻简化栽培技术集成不够，还是通过传统的化肥提高产量，在农药、除草剂上使用不够安全，对环境造成损害。

二、产地环境选择以及种植准备

（一）选地整地

玉米种植一般宜选择地势平坦、阳光充足、土层深厚、排灌方便、肥力条件较好的地段，最好使用土地集中连片种植地块，切忌选择山区坡地、贫瘠、水土流失严重地块，以方便机械化种植。实施以深松为基础，松、翻、耙、种、养地相结合的土壤耕作制度，耕地应注意宜耕时期、耕地深度和耕地改良3个方面。

1. 宜耕时期

玉米地耕翻距播种时间愈长，土壤熟化程度愈高。掌握适宜的宜耕期是保证耕地质量的关键。土壤的最佳宜耕状态，应是土壤的凝聚性、黏着性和可塑性均减至最小程度。此时耕地阻力小，土块易碎，耕层松散，耕地质量高。较黏重的黄土壤，10~20厘米土层内含水量在15%~20%时，宜耕性最好。过湿易形成泥条，过干易形成大坷垃，耕地阻力大，土坷垃不易碎，耕地质量差。

2. 耕地深度

土壤耕翻深度，应根据不同种植制度和玉米生长发育对土壤的要求，因地制宜，合理确定。玉米根系75%~80%集中分布在30~40厘米土层，随着机械化作业的发展，玉米机耕地面积的扩大，耕深多在20~25厘米，使用大型机械，耕深在30~40厘米，对玉米增产作用很大。土壤结构和土壤特性不同，耕深也有差异。耕层较薄而下层为砂砾、流沙或卵石的土壤，深耕易将沙石翻至表土层，而壤土和黏土均适宜深耕。黏土结构紧密，熟化慢、生土翻上来过多，影响玉米产量，因此应冬前深耕冬炕、春季多犁细耙，清洁田间杂草消除病虫隐患，3年深松1次，耕翻深度25~30厘米。耙地做到地平、土碎、无根茬、无露耙，耕层上虚下实，为适期早播和提高播种质量创造良好的土壤条件。

3. 耕地改良

耕地要种养结合才能高产，而不能掠夺式生产。耕地增施有机肥，是改良土壤的有效措施。有条件的情况下，冬季种植绿肥，春季翻青腐熟，或者利用秸秆还田，也可轮作套种改良土壤结构，增加土壤有机质。采用翻沙压淤深耕法，可使沙淤混合，有利改良土壤。

（二）品种选择

应根据不同生态区，选择高产、抗病的玉米品种种植，充分发挥产地优势和品种优势。春播玉米适宜的品种有鄂玉 25、郧单 20、双玉 919、华玉 11 等，夏播玉米适宜的品种有宜单 629、蠡玉 16、郑单 958、汉单 777 等。玉米品种选择宜掌握以下 4 个原则。

根据玉米种植类型选用品种：春播玉米区要求生育期长、单株生产力高、抗倒抗病性强的品种；夏播玉米区要求早熟、矮秆、抗倒抗病适合机械化的品种；套种育苗移栽区要求株型紧凑、叶片上冲、幼苗期耐阴的品种。

不同生育期品种搭配种植：以当地主推品种生育期为主，搭配生育期略短略长品种，错开播期错开农活，增强对自然灾害的抵抗能力。具体是肥地生育期宜长，薄地生育期宜短；低湿地、坡地宜短，平地宜长。

喜肥好水与耐瘠抗旱品种搭配种植：根据每个区域田间肥力情况确定不同品种，肥水好的田块选用喜肥品种，肥水差的地块选用耐瘠抗旱品种才能发挥各个品种的优势，提高产量。

紧凑、半紧凑、平展型品种搭配种植：在自然条件好的地块宜选紧凑或半紧凑品种，在自然条件差的地块、坡地、粗放管理的选择平展型可稀植的品种。

三、种植技术以及管理措施

1. 选择良种

好种出好苗。玉米播种前要精选种子，做好种子处理，确保玉米一播全苗、苗齐苗壮，为高产打下良好基础。要从种子的包装、粒色、杂质、芽率、净度、纯度、含水量等方面进行分析判断，要从正规的供种部门选购优良品种。

2. 适时播种

春天天气温度变化大，如果低温较低，就会导致发芽慢，易发生丝黑穗病。因此玉米的播种应选择在气温稳定在 12℃以上，地温 10～12℃时期为宜。

3. 播种方式

（1）露地直播。玉米籽粒直接下地，播种方式简易，栽培技术单纯，便于统一管理，播种时按规定的株、行距下种，注意种、肥分开，以防烧种。要求深挖浅盖，并把沟或穴内土块弄平、弄碎，盖种不能有大土块和茎秆，用细土盖种，有利于一播全苗。

（2）育苗移栽。

①选苗床。播种前在每个适宜覆膜地块旁边选择平整、干燥、背风、向阳的地块，从而减少育苗移栽的运输距离，根据该地块面积所需基本苗确定苗床大小，苗床宽以膜宽为标准。

②营养土配制。用肥菜园土、腐熟的农家肥、磷肥和锌肥，即 500 千克肥土、500 千克腐熟农家肥、5 担清粪水、10 千克磷肥、1 千克锌肥，手捏成团，落地即散，堆制发酵 2～3 天后用营养钵器打制营养钵。

③播种。播种时胚向下，胚乳向上，用喷雾器喷足水后撒薄层细土覆盖，搭棚升膜，注意膜边压实，谨防为害。出苗前不揭膜，出苗后晴天上午至下午四点揭膜两头，以免烧苗，2 叶 1 心白天揭膜夜晚盖膜，栽前 2～3 天全天揭膜炼苗，遇寒潮、降温要及时盖膜。

④移栽。育苗 3～4 叶时进行移栽，移栽前晚上浇足稀大粪水追施营养钵，作为送嫁肥，移栽时进行大小苗分级定向移栽，用手撮松营养钵，以利于根系生长，不形成僵苗，移栽后浇足定根水封好土有利于成活。

（3）两膜两段种植。在海拔 1 000 米以上的高寒山区特别适宜采用两膜两段栽培。因高寒山区气候影响玉米生长发育，加之秋风来得早，春季冻土解冻慢，玉米难以成熟，利用两膜两段就可解决这一难题，因为两膜两段能提前移栽，具有明显的增温、保墒、抑制杂草生长、减少虫害，促进玉米生长发育、早熟、增产的作用，从而提高单位面积的产量。

在每个适宜覆膜地块旁边选择平整、干燥、背风、向阳的地块作为苗圃，从而减少育苗移栽的运输距离，根据该地块面积所需基本苗确定苗床大小，苗床宽以膜宽为标准。随做随播种，加强苗床管理，栽前 2～3 天全天揭膜炼苗，遇寒潮、降温要及时盖膜。移栽时进行分级，大苗作大苗栽，小苗作小苗栽，以便田间管理；移栽前一晚上用稀粪水追施营养钵，作为送嫁肥。根据品种的特征、特性，确定品种最佳密度，计算出株行距比，按株行距在膜两边打孔移栽，要求早栽早成活，2 叶 1 心至 3 叶 1 心为最佳时期，选壮苗移栽，注意移栽质量，要分级、定向，移栽时用手轻捏营养钵，让其轻微破裂有利根系的发展，移栽后浇足定根水，用细土封严膜孔。移栽后如发现地膜有破损的地方，要及时用细土封严。膜内有杂草顶膜的要用细土压实。经常查苗看苗，返青后及时进行田间管理。

4. 合理密植

合理密植与环境条件有着密切关系。其中最主要的是土壤肥力、气候条件、种植方式及品种特征特性。密度过大造成个体间相互拥挤徒长，通风透光不良，影响光合作用，茎秆细高易倒伏，雌雄发育受阻形成小穗，个体相互拥挤，影响授粉结实，秃顶过大甚至导致空秆。密度过小则没有发挥每个品种的特征特性，源、流、库配合不协调，导致不能高产。一般要求株型紧凑品种，每公顷保苗6万~6.75万株；株型平展品种，每公顷保苗5万~5.3万株。

（1）因品种类型确定密度。紧凑型玉米群体消化系数小，透光性好，群体内光照分布均匀，宜密植，株型越紧凑适宜密度程度也越高，反之宜稀。早熟品种宜密，晚熟品种宜稀，矮秆品种宜密，高秆品种宜稀。

（2）因土壤肥力确定密度。贫瘠地块宜稀，肥沃地块宜密，施肥水平高的地块取密度上限，反之，取密度下限。

（3）因土壤类型确定适宜密度。土壤通气性对根系发育影响很大，沙壤宜密，黏土宜稀，一般以沙壤土>轻壤土>中壤土>黏土的原则进行密度的确定。

（4）因生态环境确定密度。南种北引，生育期延长，植株长高，密度宜小，北种南引，生育期缩短，植株变矮，密度宜大；阳坡宜密，阴坡宜稀，低海拔宜密，高海拔宜稀。

5. 田间管理

（1）补种栽苗。播种后常下田观察，如发现烂种应及时用已浸种催芽的种子补种。出苗后如缺苗断垄，要利用预备苗或田间多余苗及时进行带土移栽，并浇足定根水封好土，确保成活率，在晴天下午或阴天全天进行。

（2）间苗定苗。幼苗3~4片叶时要进行间苗，将弱苗、病苗、小苗去掉，6~7叶时进行定苗，留够基本苗，做到苗均、苗齐、苗距一致，提高幼苗整齐度。

（3）适时中耕。中耕就是对土壤进行浅层耕翻、疏松表层土壤、增加土壤通气性、提高地温、促进好气微生物活动和养分有效化、去除杂草、促进根系生长、调节土壤水分状况。玉米3叶期就及时松土，松土后15天进行第2次除草，再过15天进行第3次除草，做到3次除草、2次松土、1次培土。杂草也是玉米苗期主要为害，严重时造成草荒形成弱苗，因此，定苗前后及时中耕除草，浅耕在5厘米左右，拔节前后中耕除草培土，深耕可达10厘米左右。

（4）及时扒蘖。发现分蘖要及时除掉，从而保证玉米生长发育正常，如不及时除掉，与主茎争水、争肥、消耗养分，影响植株生长发育。

6. 常见玉米病虫害及防治措施

（1）常见玉米病虫害。主要病害：大斑病、小斑病、灰斑病、褐斑病、纹枯病、茎腐病、穗腐病、根腐病、锈病、黑粉病、炭疽病等。

主要虫害：小地老虎、蛴螬、玉米螟、玉米黏虫、玉米蚜虫、蝗虫、蝼蛄等。

（2）防治措施。

①根据本地优势选择适宜种植的抗病品种。

②农业防治。适期早播，合理密植，施足基肥，增施磷、钾肥；选用排灌方便的田块，开好排水沟，雨后及时清沟排水，达到雨停无积水，降低田间湿度；合理轮作、深翻土地、及时清除病残和施用充分腐熟有机肥。

③物理防治。利用黑光灯、高压汞灯、糖醋液和雌虫性诱剂等均可诱杀成虫，人工扑杀幼虫，秋冬翻地可把越冬幼虫翻到地表使其风干、冻死或被天敌捕食，机械杀伤。

④生物防治。利用茶色食虫虻、金龟子黑土蜂、白僵菌等。

⑤药剂防治。播种前采用药剂浸种、拌种；播种时用50%辛硫磷乳油50~100克拌饵料3~4千克，撒于播种沟内；出苗后用"高效氯氟氰菊酯"防治地下害虫（每亩30毫升兑水40千克于16-17时将药稀释后喷在玉米根部及周围土壤上）。

7. 玉米地块杂草及防治措施

（1）苗前除草剂。该类除草剂多数都是在播种后3天内喷施到土壤表层，从而形成1个药土层，当杂草萌发后，可被根、芽鞘或上下胚轴等吸收从而发挥除草作用。这类除草剂常见的有乙草胺、莠去津、异丙甲草胺、精异丙甲草胺、2

甲 4 氯钠等。

（2）苗后除草剂。该类除草剂是在杂草出苗后，草龄尚小，一般在杂草分枝或分蘖前，将药液喷施到杂草茎叶表面或地表，通过触杀以及杂草茎叶和根的吸收传导，到达杂草的生长点及其余没有着药部位，致使杂草死亡。选药时要使用玉米专用除草剂，如硝磺草酮、烟嘧磺隆、莠去津、溴苯腈、氯氟吡氧乙酸等。不能使用灭生性处理剂，如草甘膦等。

8. 土壤与水肥管理

（1）施肥。根据玉米需肥规律，主要是以基肥为主，追肥为辅；有机肥为主，化肥为辅；氮肥为主，磷肥为辅；穗肥为主，苗肥为辅。禁止使用未经国家或省级农业主管部门登记的化学和生物肥料，禁止使用重金属含量超标的有机肥料及矿质肥料。

①基肥。每隔 133 厘米开 10～15 厘米深的施肥沟，将腐熟的优质农家肥 22 500～30 000 千克/公顷分行一次性施入施肥沟，在施肥沟左右两侧开播种沟，在两穴种子间施入 $N - P_2O_5 - K_2O \geq 45\%$ 的高磷硫酸钾型肥料 900 千克/公顷作底肥，做到种肥隔离，防止烧种、烧根。

②苗肥。直播玉米 5～6 片可见叶，玉米移栽后幼苗缓活后就及时追施苗肥，用量为 150 千克/公顷，在幼苗两侧开沟条施，并结合除草来完成。

③穗肥。在玉米 12～13 片可见叶时及时追施穗肥，用量为 450 千克/公顷，在玉米根系两侧开沟条施，并结合中耕除草培土来完成。

④粒肥。要查看大田植株长势长相而定，长势长相好、无早衰退淡现象的田块可不施，反之，每公顷用磷酸二氢钾 6 千克兑水 750 千克进行叶片喷施，粒肥施用原则是宜早不宜迟。

（2）灌溉。玉米抽雄前 10 天至抽雄后 20 天是玉米需水的临界期，对水分最敏感，如果雨水过多，田间含水量大于 80%，就应及时排水；如果遇干旱，低于60%，就会造成"卡脖旱"而不能正常抽雄，应及时灌水，这样才有利于玉米灌浆结实，获得高产。

（3）土壤改良措施。

①秸秆还田。采用还田机将秸秆粉碎还田是一种高效低耗、节时省工的技术

措施，也是改良土壤、提高土壤有机质含量的有效措施。在秋季，直接粉碎田间农作物秸秆，一次作业即可将田间直立或铺放的秸秆粉碎，再用机械深耕入土壤中，利用土壤微生物分解秸秆，达到还田的目的，也是防止秸秆焚烧引起严重的空气污染及堆放容易引起火灾的重要措施。

②种植绿肥。种植绿肥可增加土壤有机质含量，改善土壤团粒结构和理化性状，提高土壤自身调节水、肥、气、热的能力，形成良好的作物生长环境。推广绿肥种植技术，主要利用秋闲田和冬闲田进行绿肥与粮食作物轮作或间作，通过将绿肥翻压还田，使土壤地力得到维持和提高。绿肥种植既培肥了地力，又增加了产量，还保护了环境，直播绿肥可亩产鲜草3 000～4 500千克，折合干草1 000～1 500千克。据测算，翻压2 000千克鲜草，可使玉米亩增产50～70千克。

轮作绿肥还田技术：绿肥品种以豆科植物为主，主要有苜蓿、三叶草、豌豆、蚕豆、田菁、沙打旺、草木樨、黄豆、绿豆等。播种前应晒种1～2天，之后用10%的食盐水进行选种，捞去上浮的秕粒、菌核和杂质后，立即用清水冲洗晾干待播。绿肥种皮较硬，可用手工搓伤种皮，大量种子则用碾米机碾伤种皮，促其播后良好出苗。

前茬以小麦、玉米为主。一般在10厘米土壤温度≥10℃即可播种，播种量草木樨处理后的种子每亩1.5～2.0千克，苜蓿每亩0.5～1.0千克；播种方式可采用撒播、条播、机播等；播种深度1～20厘米。一般尿素每亩10千克左右，磷酸二铵每亩10～20千克。随着绿肥出苗生长，可根据后茬作物播种时间，及时耕翻压青，保证下茬作物播种。

间作绿肥还田技术：间作的绿肥品种以豆科植物为主，豆科绿肥具有固氮生物作用，可以适当减少下茬作物的氮肥用量，非豆科绿肥由于生长期较长，效益不很明显，并且由于植株高大不利于间作，目前推广较多的是玉米间作黄豆、套种绿豆等。密植条播作物（如小麦）套种绿肥，一般以宽窄行方式进行，高秆穴播作物（如玉米）套种绿肥一般以隔行间作方式进行，或将高秆作物作为豆科作物的藤架。充分利用生物多样性来防治病虫害的发生。间作绿肥是充分利用了主栽作物的播种空间和主栽作物收获后的时间，主栽作物收获后，间作绿肥处于苗期，由于消除了田间荫蔽，浇水后绿肥大量生长，缩短了绿肥的生育时期，获得了较高的生物产量。用农机具进行统一翻压，翻压深度一般 10～20 厘米，保证枝叶不外露。翻压时由于枝叶茂盛，可采用先镇压、后切碎、再翻压的步骤，翻压后应及时浇水，配合尿素及秸秆腐熟剂的施入，促进绿肥腐熟。

绿肥油菜还田技术：油菜是喜凉作物，对热量要求不高，酸、碱、中性土壤均能种植，因此油菜具有地区上广泛分布的可能性。绿肥油菜一般在玉米收获后根据墒情适时撒播，充分利用冬季冬闲特点种植油菜，因地制宜选用适于本地栽培的优质、高产、抗（耐）病品种。每亩撒播 1.0～1.5 千克油菜种子，油菜播种后干旱无雨时，有条件要进行灌水，以保证全苗。油菜压青处理是在翌年 2 月下旬翻压油菜青体，把油菜青体完全压入土壤中，让其充分腐熟做玉米春播绿肥。

四、采收和保存

90%以上的玉米植株茎叶变黄，果穗苞叶枯白，籽粒变硬（指甲不能掐入）玉米即完熟，玉米完熟后要及时收获。对于大田生产的，可以使用机械收获，以降低劳动成本，对于山区种植的也要及时人工收获归仓。当籽粒含水量达到 20%以下时就可以进行脱粒，脱粒后进行晒干、精选入库储藏。

第二节　糯玉米栽培技术

一、糯玉米基本情况简介

糯玉米是玉米的一个亚种，受玉米第 9 染色体上的隐性糯质基因（wx）控制的突变类型，胚乳中的淀粉全部是支链淀粉。糯玉米籽粒不透明，种皮无光泽，外观呈蜡质状，也称蜡质玉米，俗称黏玉米。糯玉米起源于中国，最初是在我国西南地区发现的，它是由当地种植的硬粒型玉米发生基因突变，经人工选择而保存下来的一种新类型，有"中国蜡质种"之称。

1. 糯玉米的类型与特点

糯玉米按遗传基因可分为纯糯型和甜糯结合型 2 种。

纯糯型玉米主要表现由 wx 基因控制，成熟时全部为糯性籽粒，是糯玉米品种主要类型。

甜糯结合型玉米表现由糯和甜两类基因决定，甜与糯两种类型的籽粒在同一果穗上分别表达，鲜食时表现又糯又甜，成熟时除有部分糯性籽粒外，还有一定比例的甜玉米籽粒，故仅适宜做鲜食玉米使用。

另外，糯玉米的颜色多种多样，主要有白色、黄色、花色、黑色等。

2. 糯玉米营养价值

糯玉米籽粒中营养成分含量高于普通玉米，籽粒中含 70%～75% 的淀粉，10% 以上的蛋白质，4%～5% 的脂肪，2% 的多种维生素。籽粒中的水溶性蛋白、盐溶性蛋白的比例较高，醇溶性蛋白的比例较低。赖氨酸含量比普通玉米高 16%～74%。糯玉米 wx 基因的遗传功能是使糯玉米胚乳淀粉类型和性质发生变化，糯玉米淀粉分子量比普通玉米小 10 多倍，食用消化率高达 85%，普通玉米为 69%。

二、产地环境选择与建设以及种植准备

1. 产地环境选择

糯玉米对环境要求不严格，但是种子发芽和拱土能力较普通玉米差，幼苗较弱。因此，要选择光照充足、排灌良好、土质疏松、肥力中等以上、墒情好的沙壤土或壤土地块种植。

2. 品种选择

适宜丹江口水源涵养区种植的糯玉米品种有渝糯 7 号、禾盛糯玉 1 号、农科糯 1 号、白金糯玉、京科糯 2000、万糯 2000、渝科糯 1 号、渝糯 3000、彩甜糯 6 号等。品种选择宜掌握以下 4 个原则。

选择合法品种：选择通过国家级或省级审定的品种，种子经销商应三证齐全（即种子生产许可证、经营许可证和种子质量合格证齐全）。种子包装完整，包装袋上应标明品种名称、审定编号、生产企业、品种种植技术简要说明、二维码追溯等，字迹清晰。

根据用途选择品种：以生产鲜食为主的糯玉米要选择口感、色泽、风味俱佳

而且商品率高的品种；以生产支链淀粉为主的糯玉米应选择籽粒产量高的品种。

根据品种特性选择：要选择发芽率高、糯性好、抗病抗倒性强的品种。

根据气候和季节选择适宜熟期品种：根据当地气候条件，选择适宜当地种植的品种。春播、秋播宜选择中早熟品种；夏播宜选择中晚熟品种，错开糯玉米上市高峰期，以获得较高的经济效益。

3. 种植准备

糯玉米种植前要精细整地。前茬作物收获后及时耕翻 20～30 厘米，结合耕翻可施入有机肥，一般每亩施有机肥 2 000～2 500 千克，排水不好的地块要挖好排水沟。

三、糯玉米栽培技术

糯玉米栽培技术与普通玉米基本相同，但也有一些差异，主要表现在隔离种植、分期种植、播种技术、施肥、田间管理、病虫草害防治、收获等方面。

1. 隔离种植

糯玉米是胚乳性状的突变体，为单基因隐性遗传，一旦接受非糯玉米的花粉，当年就变成非糯玉米，失去糯性，严重影响产品品质和风味。因此，糯玉米种植应设置隔离区，与其他玉米应隔离 300 米以上种植。如采用时间隔离，则隔离区内外玉米花期须错开 20～30 天。

2. 分期种植

糯玉米主要是采收鲜嫩果穗，采收时间集中，季节性强。如果种植面积较大，应根据销售和加工能力采取分期种植的方式，错开采收期，延长上市时间。分期种植的时间应从当地实际出发，根据种植面积、目的、销售渠道及市场预测等方面确定，以获取最大经济效益。

3. 播种技术

糯玉米的播种技术与普通玉米相同，早春为抢季节上市可采用育苗移栽或地膜覆盖种植。

（1）露地直播。糯玉米在露地直播时一定要精细整地、足墒浅播、细土盖种，保证一播全苗和苗齐、苗壮、苗匀。一般播种深度为 3 厘米左右。糯玉米露地直播适宜时间为清明前后，可以一直种到 7 月中下旬，形成 6—10 月的连续供应期。

（2）育苗移栽。育苗移栽可保证出苗整齐，培育壮苗，同时节约种子，降低生产成本。糯玉米春季育苗移栽适宜播种时间为 3 月 25 日前后。

（3）地膜覆盖。地膜覆盖播种技术能有效地提高地温、保持土壤湿度、提高根系生长力、杀灭杂草等作用。早春温度较低时采用地膜覆盖播种技术能显著提高出苗率，培育壮苗，促进生长，提高产量；同时还可以提早生育季节，抢早上市，获得较高的经济效益。糯玉米春季地膜覆盖播种时间与育苗移栽时间相同。

（4）合理密植。糯玉米以采收果穗为目的，果穗即商品。因此，一定要注意果穗的商品特征，尽量提高果穗的商品率。种植密度应根据品种特性来确定，一般不宜超过 3 500 株/亩。

4. 科学施肥

糯玉米生育期较短，品质要求高，施肥要以有机肥为主，化肥为辅；重施基肥，早施苗肥，补施穗肥，以保证高产优质。

（1）基肥。以有机肥料为主，一般 2 000～3 000 千克/亩。除施足有机肥料外，还应增施少量的氮、磷、钾化肥，以保证玉米苗期对养分的需要，确保苗齐、苗壮。一般施用含氮、磷、钾的复合肥 50 千克/亩。

（2）苗肥。在 5～6 片可见叶时追施苗肥，促进玉米生长发育，一般用尿素 10 千克/亩。

（3）穗肥。玉米在 11～13 片可见叶时，雄穗和雌穗开始分化，进入营养生长和生殖生长的双旺阶段，此时追施穗肥对促进穗大粒多起到关键的作用。一般追施尿素 15 千克/亩。

5. 田间管理

（1）及时查苗、补苗。种子出苗后要及时查苗，若缺苗过多，则应及时补苗，以防缺苗断垄，滋生杂草。

（2）适时定苗。一般 5～6 片叶时定苗，注意留苗要均匀，去弱留强，去小留大，去病留健，若遇缺株，两侧可留双苗。适时定苗可以避免幼苗拥挤，相互遮光，消耗土壤养分、水分，以利于培养壮苗。

（3）防治害虫。糯玉米虫害较严重，苗期主要有地老虎、蛴螬、蝼蛄、金龟子、金针虫等地下害虫，一般用50%辛硫磷乳油1 000～1 500倍液喷雾即可有效防治。穗期有玉米螟、蚜虫、金龟子等害虫，为降低食品中农药残留，应以生物防治为主、高效低毒药剂防治为辅。

常用防治方法，一是在玉米大喇叭口期，每亩用100亿孢子/克苏云金杆菌乳剂150～200毫升，拌细沙3～6千克制成颗粒剂，每亩撒施1～2千克。二是在玉米螟产卵开始期、高峰期和末期，各放赤眼蜂1次，每次每亩1万～3万头。三是用杀虫灯、糖醋液诱杀成虫。

（4）中耕除草、剔除分蘖。中耕可以疏松土壤，流通空气，破除板结，提高地温，消灭杂草及病虫害，减少水分养分的消耗，促进土壤微生物活动，满足玉米生长发育的要求。糯玉米生育期需中耕除草2次。第1次在5～6叶时结合定苗进行；第2次在11～13叶时结合追施穗肥进行，此时还需剔除植株下部的无效分蘖，只保留第1果穗，以减少分蘖对养分水分的消耗，保证第1果穗的正常生长。培土壅蔸也应同时进行，防止倒伏。

四、糯玉米的采收、储藏与初加工

1. 糯玉米的采收

糯玉米采收时间要求较为严格，采收过早则糯性差、过晚则风味差。一般春播灌浆期气温高、灌浆快，应在吐丝后22～28天采收；秋播灌浆期气温低、灌浆慢，应在吐丝后35天左右采收为宜。收获后的糯玉米应尽快销售或加工，以防果穗脱水，适口性变差。

2. 糯玉米的储藏

糯玉米的储藏保鲜方法与甜玉米基本相同，主要有速冻保鲜、冷藏保鲜、真空包装保鲜等。由于糯玉米的干籽粒也有很高工业价值，所以糯玉米也可以收获籽粒跟普通玉米一样储藏。

3. 糯玉米的初加工

（1）速冻糯玉米。速冻糯玉米一年四季都可以供应市场，不受种植季节限制，在冷冻（-30℃）条件下可保存 5～6 个月风味不变，在零上（0～8℃）冷藏可保存 10～15 天。

（2）制作特色食品。糯玉米籽粒如珍珠，黏软稠糊，营养丰富，配以红小豆、桂圆等，可制成珍珠百宝粥，激发食欲，易于消化，调节人们的食物结构。还可用糯玉米代替糯米加工糕点、元宵等糯性食品。

（3）工业利用。糯玉米是现代工业的重要原料。可酿制成风味独特的优质黄酒、白酒、啤酒，其出酒率比普通玉米高，色泽和风味俱佳。还可加工生产95%～100%的纯天然支链淀粉，且工艺简便，它可省去普通玉米加工支链淀粉的分离或变性加工工艺，经过一定的化学修饰作用，加工成各种变性淀粉。变性的糯玉米淀粉可作为增稠剂、乳化剂、黏着剂、悬浮剂，也广泛应用于香肠、罐头、速冻食品、纺织、造纸、黏合剂、铸造、建筑和石油钻井、制药等工业。

第三节　甜玉米栽培技术

一、甜玉米基本状况简介

甜玉米是甜质型玉米的简称，由普通型玉米发生基因突变，经长期分离选育而成的一个玉米亚种（类型），因其乳熟期籽粒中含糖量较高，食之味甜而得名。起源于美洲大陆。主要特征是胚乳多为角质，含糖分多，含淀粉较低，成熟时水分蒸发使籽粒表面皱缩，呈半透明状，也称水果玉米、蔬菜玉米。

1. 甜玉米的类型与特点

根据遗传类型和胚乳特性可分为以下 3 种。

（1）普通型甜玉米。普甜玉米是世界上最早种植的一种甜玉米，在国外已有 100 多年的栽培历史。这种甜玉米是由单隐性突变基因 $Su1$ 基因纯合而引起的胚乳缺陷，其成熟籽粒表现皱褶、透明。乳熟期籽粒含糖量在 10% 左右，比普通玉米高 1 倍，蔗糖和还原糖各占一半；籽粒中含有约 24% 的水溶性多糖，而淀粉含量只占 35%，比普通玉米减少一半；同时蛋白质、油分及各种维生素含量也高，营养价值高，吃起来皮薄、黏、甜、香。普甜玉米的缺点是适宜的采收期短，而且收获后糖分迅速转化，品质下降，不耐贮存，应该当天采收当天加工或出售。

（2）超甜型甜玉米。超甜玉米是对普通甜玉米而言。这种类型甜玉米是由于 Sh 基因发生隐性突变引起的，当 Sh 为隐性纯合时将引起胚乳缺陷，其成熟的籽粒有褶凹、不透明，一般无光泽。乳熟期籽粒含糖量达 25%～35%，糖分主要是蔗糖和还原糖，其中蔗糖含量高达 22%～30%，比普甜玉米高 1 倍；水溶性多糖含量很少，仅占 5%，不具备普通甜玉米的糯性。籽粒淀粉含量减少到 18%～20%，粒重仅有普通玉米的 1/3。超甜玉米适宜采收期一般为 7 天左右，并且采收后籽粒中的营养成分转化消耗的速度慢。其缺点是种子含淀粉少，比较干瘪，发芽率不高，幼苗长势弱。超甜玉米具有甜、脆、香的突出特点，主要用于鲜食和加工速冻。

（3）加强型甜玉米。加强甜玉米是一种新类型的甜玉米，是在普甜玉米的背景上又引入一个或多个胚乳突变基因，从而使籽粒品质进一步得到改善的甜玉米类型。特点是兼有普甜玉米和超甜玉米的优点，在乳熟期既有高的含糖量，又有高比例的水溶性多糖。加强甜玉米灌浆期籽粒脱水慢是其显著特征，采收期更长，因此它的用途广泛，既可加工各类甜玉米罐头，又可作鲜食玉米食用或速冻加工利用。

2. 甜玉米的营养价值

（1）糖类。甜玉米籽粒中糖类的组成和含量是决定其品质的重要指标之一。乳熟期甜玉米籽粒中的主要成分为可溶性糖（蔗糖、葡萄糖、果糖）和淀粉等；甜玉米胚乳中含有较多的水溶性多糖，这使得甜玉米口感嫩滑、柔软、香味浓郁。

（2）蛋白质。甜玉米籽粒中蛋白质含量也较高，一般在 13% 以上，比普通玉米高 3%～4%。其中主要是水溶性蛋白，另外还有少量的碱溶性蛋白、醇溶性蛋白和盐溶性蛋白。

（3）氨基酸。甜玉米籽粒中氨基酸总含量较高，分别比普通玉米和糯玉米高 23.2% 和 12.7%，相当于高赖氨酸玉米的含量水平。8 种人体必需氨基酸总量也分别比普通玉米和糯玉米高出 23.5% 和 6.6%，其中赖氨酸含量在 0.4% 以上，

是普通玉米的 2 倍；而色氨酸含量分别比普通玉米和糯玉米下降 16.3%
和 26.6%。

（4）其他营养成分。甜玉米中含有多种维生素，甜玉米籽粒中维生素 C 的
含量一般为 0.7 毫克/100 克，比普通玉米高 1 倍左右；烟酸（维生素 B_3）的含
量为 0.22 毫克/100 克，而普通玉米的维生素 B_3 含量仅为 0.093 毫克/100 克；
核黄素（维生素 B_2）含量为 1.70 毫克/100 克，而普通玉米几乎不含维生素 B_2；
但甜玉米籽粒中一般不含硫胺素（维生素 B_1），而普通玉米的维生素 B_1 含量高
达 3.80 毫克/100 克。此外，甜玉米还含有多种矿物质以及膳食纤维、谷维素、
甾醇等。

甜玉米籽粒中的粗脂肪含量达 9.90%，比普通玉米和糯玉米高出 1 倍左右。
甜玉米籽粒中含有多种挥发性物质，其中已鉴定出的重要芳香物包括 2-乙酸基-
1-吡咯啉和 2-乙酰基-2-噻唑啉，此外还有二甲基硫醚、1-羟基-2-丙酮、2-羟基-3-
丁酮及 2，3-丁二醇等。

3. 甜玉米特征特性

甜玉米一般具有出苗差、早熟、长势弱、植株较矮小、雌穗多、穗小、抗病
性差等特点。甜玉米成熟期种子脱水，造成种子干瘪、皱缩，发芽率下降，出苗
率降低。生育期 60～100 天。甜玉米叶鞘绿色，苗期长势弱，成株植株较矮小，
株高一般在 3 米以下，株型较差，雄穗大，颖壳绿色。甜玉米雌穗多，雌穗顶端
长有旗叶，果穗较小。甜玉米的抗病性比普通玉米较差，玉米螟为害较重。

二、产地环境选择与建设以及种植准备

1. 产地环境选择

甜玉米对环境要求不严格，但是甜玉米籽粒中淀粉含量少，种子较瘪、粒
小，发芽和拱土能力较弱。因此，要选择光照充足、排灌良好、土质疏松、肥力
中等以上、墒情好的沙壤土或壤土地块种植。

2. 品种选择

适宜丹江口水源涵养区种植的甜玉米品种有：华甜玉 3 号、鄂甜玉 3 号、鄂
甜玉 4 号、堰甜玉 28、金中玉、粤甜 16 号、鄂甜玉 5 号、福甜玉 98、蜜脆 68、

宏中玉。品种选择宜掌握以下 4 个原则。

（1）选择合法品种。选择通过国家级或省级审定的品种，种子经销商应三证齐全。种子包装完整，包装袋上应标明品种名称、审定编号、生产企业、品种种植技术简要说明、二维码追溯等，字迹清晰。

（2）根据用途选择品种类型。以鲜食或速冻加工为主要用途的应选择超甜玉米品种或加强甜玉米品种；以制作罐头为主要用途的应选择普甜玉米品种。

（3）根据气候和季节选择适宜熟期品种。根据当地气候条件，选择适宜当地种植的品种。春播、秋播宜选择中早熟品种；夏播宜选择中晚熟品种，错开甜玉米上市高峰期，以获得较高的经济效益。

（4）根据品种特性选择。要选择发芽率高、甜度好、抗病抗倒性强的品种。

3. 种植准备

甜玉米种植前要精细整地。前茬作物收获后及时耕翻 20～30 厘米，结合耕翻可施入有机肥，一般每亩施有机肥 2 000～3 000 千克，排水不好的地块要挖好排水沟。

三、甜玉米栽培技术

甜玉米由于生育特点与普通玉米有一定差异，故栽培技术上也有很多不同，主要表现在隔离种植、分期种植、播种技术、种植密度、施肥、田间管理、病虫草害防治、收获等方面。

1. 隔离种植

甜玉米是胚乳性状的突变体，为单基因隐性遗传，一旦接受非甜玉米的花粉，当年就变成非甜玉米，失去甜玉米独特的甜香风味，严重影响产品品质。因此，甜玉米种植应设置隔离区，与其他玉米应隔离 300 米以上种植。如采用时间隔离，则隔离区内外玉米花期须错开 20～30 天。

2. 分期种植

甜玉米主要是采收鲜嫩果穗，采收时间集中，季节性强。如果种植面积较大，应根据销售和加工能力采取分期种植的方式，错开采收期，延长上市时间。分期种植的时间应从当地实际出发，根据种植面积、目的、销售渠道及市场预测等方面确定，以获取最大经济效益。

3. 播种技术

（1）育苗移栽。甜玉米种子干瘪、皱缩、出苗困难。育苗移栽可保证出苗整齐，培育壮苗，同时节约种子，降低生产成本。甜玉米春季育苗移栽适宜播种时间为 3 月 25 日前后。

（2）地膜覆盖。地膜覆盖播种技术能有效地提高地温、保持土壤湿度、提高根系生长力、杀灭杂草等作用。早春温度较低时采用地膜覆盖播种技术能显著提高出苗率，培育壮苗，促进生长，提高产量；同时还可以提早生育季节，抢早上市，获得较高的经济效益。春播地膜覆盖播种和育苗移栽的时间相同。

（3）露地直播。甜玉米种子顶土能力差、出苗率低、幼苗瘦弱，很难达到一播全苗和苗齐、苗壮、苗匀。因此，在露地直播时一定要精细整地、足墒浅播、细土盖种。一般播种深度为 3 厘米左右。甜玉米春季露地直播适宜时间为清明前后。

（4）合理密植。甜玉米以采收果穗为目的，果穗即商品。因此，一定要注意果穗的商品特征，尽量提高果穗的商品率。种植密度应根据品种特性来确定，一般不宜超过 3 500 株/亩。

4. 科学施肥

甜玉米生育期较短，品质要求高，施肥要以有机肥为主，化肥为辅，还要重视钾肥的施用；重施基肥，早施苗肥，补施穗肥，以保证高产优质。

（1）基肥。以有机肥料为主，一般 2 000～3 000 千克/亩。除施足有机肥料外，还要重视钾肥的施用，以提高营养品质、蛋白质、氨基酸、脂肪和总糖的含量，一般施用含氮、磷、钾的复合肥 50 千克/亩。

（2）苗肥。在 5～6 片可见叶时追施苗肥，促进玉米生长发育，一般用尿素 10 千克/亩。

（3）穗肥。玉米在 11～13 片可见叶时，雄穗和雌穗开始分化，进入营养生长和生殖生长的双旺阶段，此时追施穗肥对促进穗大粒多起到关键的作用。一般追施尿素 15 千克/亩。

5. 田间管理

（1）及时查苗、补苗。种子出苗后要及时查苗，若缺苗过多，则应及时补苗，以防缺苗断垄，滋生杂草。

（2）适时定苗。一般5～6叶时定苗，注意留苗要均匀，去弱留强，去小留大，去病留健，若遇缺株，两侧可留双苗。适时定苗可以避免幼苗拥挤，相互遮光，消耗土壤养分、水分，以利于培养壮苗。

（3）防治害虫。甜玉米虫害较严重，苗期主要有地老虎、蛴螬、蝼蛄、金龟子、金针虫等地下害虫，一般用50%辛硫磷乳油1 000～1 500倍液喷雾即可有效防治。穗期有玉米螟、蚜虫、金龟子等害虫，为降低食品中农药残留，应以生物防治为主、高效低毒药剂防治为辅。

常用生物防治方法有：在玉米大喇叭口期，每亩用100亿孢子/克苏云金杆菌乳剂150～200毫升，拌细沙3～6千克制成颗粒剂，每亩撒施1～2千克；在玉米螟产卵开始期、高峰期和末期，各放赤眼蜂1次，每次每亩1万～3万头；用杀虫灯、糖醋液诱杀成虫。

（4）中耕除草、剔除分蘖。中耕可以疏松土壤，流通空气，破除板结，提高地温，消灭杂草及病虫害，减少水分养分的消耗，促进土壤微生物活动，满足玉米生长发育的要求。甜玉米生育期需中耕除草2次，第1次在5～6叶时结合定苗进行，第2次在11～13叶时结合追施穗肥进行，此时还需剔除植株下部的无效分蘖、只保留第1果穗，以减少分蘖对养分水分的消耗，保证第1果穗的正常生长。培土壅蔸也应同时进行，防止倒伏。

四、甜玉米的采收、储藏与初加工

1. 甜玉米的采收

甜玉米采收时间要求较为严格，过早或过晚都会影响其品质。一般在吐丝后21～25天，籽粒含糖量高，营养品质好，此时为最佳采收期。收获后的甜玉米应尽快销售或加工，放置24小时后糖分开始下降，逐渐降低产品品质。

不同类型的甜玉米采收期略有差异。生产中一般普甜玉米在吐丝后17～23天采收，超甜玉米在吐丝后20～28天采收，加强甜玉米在吐丝后18～30天采收。不同品种的适宜采收期还应根据当地的气候特点，产品的用途等实际情况确定。

2. 甜玉米的储藏

（1）速冻保鲜。是将鲜食玉米在 -25℃ 条件下快速冻结，包装后冷藏在 -18℃ 的条件下，这种方法可保质半年，是延长鲜食玉米供应期最有效的方法。

（2）冷藏保鲜。利用制冷设备，人为地控制和调节保持稳定的低温环境，以延长储藏和货架期，这种方法可保质 1 年。

（3）气调保鲜。控制储藏环境下的气体比例，从而达到储藏保鲜的目的，这种方法可延长保质期至 15 天。

（4）辐照保鲜。用一定剂量的射线（如钴 60、铯 137 等放射性元素的 γ 射线以及电子加速和 X 射线）辐照甜玉米等，使甜玉米内部发生电离，杀灭有害生物，从而延长甜玉米储藏或货架期的技术。

（5）涂膜保鲜。在甜玉米的表面涂上 1 层薄膜，以隔离食品与空气的气体交换，降低甜玉米的呼吸作用，减少营养物质的消耗，减少病原菌的侵袭，从而达到延长储藏和货架期的目的。

（6）微波处理保鲜。将甜玉米在短时间内进行高温处理，然后用聚乙烯袋包装冷藏于 2℃ 条件下，可以有效缓解甜玉米储藏期间糖分的散失。该方法可延长储藏期 15 天。

3. 甜玉米的初加工

甜玉米作为一种新型农产品，其丰富的营养、独特的风味及多样化的加工产品，深受人们的喜爱。目前，甜玉米的初加工主要有以下 4 个方面。

（1）速冻甜玉米。速冻甜玉米一般有整穗、切段和甜玉米粒等类型。速冻甜玉米一年四季都可以供应市场，不受种植季节限制，但一般不超过 5 个月，过期将影响食用品质。

（2）甜玉米罐头。甜玉米罐头主要有粒状和糊状 2 种类型。罐头的保质期长，粒状罐头更受市场欢迎。

（3）脱水加工。脱水甜玉米粒附加值高，主要用作调料包、汤料包中的原料。

（4）甜玉米饮品。甜玉米籽粒可制成玉米汁，或用玉米汁制作雪糕、冰激凌等饮品。

第四节　小麦栽培技术

一、小麦基本状况简介

小麦是小麦属植物的统称，代表种为普通小麦，是禾本科植物，是一种在世界各地广泛种植的谷类作物。小麦是水源涵养区冬季茬口的主要粮食作物，明确小麦生长习性，掌握科学的管理措施，对稳定和提升小麦产量与品质，促进水源涵养区基础农业发展具有十分重要的现实意义。

通常将小麦全生育期划分为播种期、出苗期、分蘖期、越冬期、返青期、拔节期、孕穗期、抽穗期、开花期、灌浆期、成熟期等 11 个生育时期。依据播种时间可将小麦区分为冬小麦和春小麦，水源涵养区属冬小麦种植区。判断小麦各生育阶段的生物学依据如表 1-1 所示。

表 1-1　冬小麦生长周期

生育时期	时间	生物学特征
播种期	10 月中、下旬	
出苗期	11 月上旬	全田 50% 籽粒第 1 片真叶长出地面约 2 厘米
分蘖期	11 月中旬	全田 50% 植株第 1 个分蘖伸出叶鞘约 2 厘米
越冬期	12 月上旬	日平均气温 2℃ 左右，植株基本停止生长
返青期	3 月上旬	50% 植株长出新叶约 2 厘米，叶片色泽变浅
拔节期	4 月中上旬	主茎第 1 节间距地面约 2 厘米，茎秆青翠
孕穗期	4 月下旬	最后 1 片叶（旗叶）完全展出
抽穗期	5 月上旬	旗叶鞘伸出穗长度的一半
开花期	5 月上、中旬	全田 50% 植株开始开花（小麦开花顺序：中下→上部→下部）
灌浆期	5 月中旬	籽粒外形基本形成，长度约为成熟籽粒大半，厚度与成熟籽粒相当
成熟期	6 月上旬	营养器官失水变干，籽粒饱满坚硬

二、产地环境选择以及种植准备

1. 选地整地

小麦在水源涵养区各地均可种植。高产优质小麦产区要求光照充足，土层深厚，土壤结构性良好。在前茬作物收获后及时耕地，做到随收、随耕、随耙。耕作质量须达到深、透、细、平、实、足的要求，即深耕深翻，耕透耙细，上松下实，底墒充足。一般 2～3 年进行 1 次深耕，耕作深度以 25 厘米为宜，在有条件的地区，推荐结合整地开展秸秆全量还田。

2. 品种选择

选择优质小麦良种是高产稳产的先决条件。选择单株生产力强、抗倒伏、抗病、抗逆性强的品种。目前较适宜在水源涵养区种植的小麦品种主要有郑麦9023、绵麦 367、鄂麦 596、鄂麦 398、襄麦 35、鄂麦 352 等。

三、种植技术以及管理措施

1. 作物管理

（1）适宜播期。适期播种是影响小麦产量的重要因素。播种过早导致营养生长过旺，植株易遭受冻害。播种过晚，苗势弱，亦不利于安全越冬。水源涵养区属冬小麦产区，最佳播种期在 10 月 20 日至 10 月 30 日，在高海拔地区可适当提前，在低海拔地区可适当延迟。

（2）种子处理。为促使种子早发快发，增根增蘖，需提前做好种子处理。方法如下：播前晒种、浸种催芽。晒种一般选择晴朗微风强光照天气，于晒席摊晒 3～5 厘米厚麦种，持续 1～2 天即可。催芽时，先将种子在 40℃温水中浸泡10～15 分钟，捞出堆放，盖上保湿麻袋，每半天翻动 1 次，通过洒水调节温度，保持种子萌动前室内温度 30℃左右，萌动后室内温度 20℃左右，经过 1 昼夜种子露白萌发即可播种。

（3）精量播种。播种量直接影响作物种植密度和产量，须根据土壤肥力、品种特性、种子质量以及栽培技术等因素确定播种量。水源涵养区常用的优质高产小麦品种亩播种量控制在 7.5～10 千克。如果播期推迟，就要适当增加播量，一般每晚播 1 天，播量增加 0.25 千克。可采用等行条播方式播种，行距 15 厘米即可。

2. 病虫草害管理

主要病害为条锈病、赤霉病、纹枯病、白粉病等；主要虫害为麦蚜、麦螨、麦吸浆虫等。

小麦病虫草害防治应坚持"预防为主，综合防治，防重于治"的方针。综合运用农业防治、生物防治和化学防治等手段，具体防治技术见表1-2。

表1-2　小麦主要病虫害防治技术

病虫害类型	农业防治	化学防治
条锈病	选择抗病品种，合理密植，倒茬轮作	每亩用20%三唑酮乳油60～80毫升，或12.50%烯唑醇可湿性粉剂20～30克，兑水50千克均匀喷雾
赤霉病	深耕灭茬，清除病菌残体；适期早播	用50%甲基硫菌灵可湿性粉剂加50%多菌灵可湿性粉剂2 000倍液喷雾，在开花始期喷1次，每隔7～10天喷1次，连喷3次
纹枯病	适时播种，合理密植；增施有机肥，增加轮作	返青拔节期每亩用12.5%的烯唑醇可湿性粉剂2 000倍药液30～35千克喷雾
白粉病	选用抗病品种；注意平衡施肥；及时清沟排渍	每亩用20%粉锈宁乳剂50毫升，兑水20千克进行喷雾，病情较重地区可间隔7天后再施药1次
麦蚜	适期早播，早春及时划锄，抽穗前后叶面喷施氮肥	每亩用10%的吡虫啉可湿性粉剂2 000倍液40～60千克喷雾
麦蟎	深耕灭茬，消灭越夏虫卵；早春划锄，实行倒茬轮作	拔节至抽穗期，每亩用1.8%阿维菌素乳油2 000倍液兑水40～60千克喷雾
麦吸浆虫	选用抗虫品种，连年深耕，轮作倒茬	每亩用2.5%高效氯氟氰菊酯乳油10～15毫升1 000倍液兑水60千克

3. 施肥管理

为获得更高产量，要注重化肥和有机肥的投入，以及氮磷钾元素的平衡供应。在条件允许的田块，推荐前茬作物秸秆还田，注意剔除寄生有病原菌的植株残体。具体施肥方法如下。

亩施尿素10千克：底肥5千克+拔节肥5千克；

亩施五氧化二磷8千克：一次性作底肥；

亩施氧化钾7.5千克：底肥2.5千克+拔节肥2.5千克+抽穗灌浆期2.5千克。

此外，为补充土壤微量元素，可在播种前与氮磷钾肥同步亩施硫酸锌1千克、硼砂0.5千克、硫酸锰1千克、钼酸铵0.5千克。

四、收获、储存与初加工

小麦适期收获对产量和品质影响很大。收获过早，小麦品质差，千粒重降低；收获过晚，易落粒，影响产量。优质高产小麦收获要求在蜡熟末期收获，此期小麦植株全部变黄，叶片枯黄色，茎秆尚有弹性，籽粒颜色接近该品种固有色泽，籽粒坚硬。

小麦收获后，经高温暴晒2~3天后，趁余热入库，要求储藏容器密闭干燥，常查勤看，防止潮变病变和害虫鼠蚁等。也可按照每100千克麦仓随机分布0.5克磷化铝的方法防止病虫害，达到长期贮存效果。

第五节　水稻栽培技术

一、水稻基本状况简介

水稻是我国最重要的口粮作物，全国60%以上居民以稻米为主食。2004年以来，我国水稻生产进入持续增产阶段，产量从2011年起连续8年稳定在2亿吨以上水平，为确保国家口粮绝对安全作出重要贡献。我国稻区分布辽阔，南至海南岛，北至黑龙江省黑河地区，东至台湾省，西达新疆维吾尔自治区；低至海平面以下的东南沿海潮田，高达海拔2 600米以上的云贵高原，均有水稻种植。

水稻作为丹江口水源涵养区绿色农业的重要组成部分，在相关粮食加工产业上有一定规模，在长期的水稻种植历史中形成了多个农产品地理标志的地方特色品种，在保证粮食安全和促进"三农"发展中发挥了重要作用。伴随着人们生活质量的不断提升，对水稻种植生产的需求量和要求发生了很大变化，为了满足社会发展需求，切实提高水稻生产质量和产量，我们需要结合水稻种植的实际生长情况，把绿色栽培技术贯穿在水稻生产的每一个生产环节。

二、产地环境选择与建设以及种植准备

1. 产地环境条件

周围不得有大气污染源，上风口不得有污染源，不得有有害气体排放。土壤营养元素位于背景值正常区域，周围没有金属或非金属矿山，无农药残留污染，具有较高土壤肥力，有机质含量中上等，速效养分含量较低的土壤最为理想。地

表水、地下水水质清洁无污染；水域或水域上游没有对该产地构成污染威胁的污染源。

2. 种植准备

（1）育苗前准备。

①秧田地选择。选择无污染的地势平坦、背风向阳、排水好、水源方便、土质疏松肥沃的地块做育苗田。秧田长期固定，连年培肥。纯水田地区，可采用高于田面 50 厘米的高台育苗。

②秧本田比例。大苗（1∶100）～（1∶120），每公顷本田需育秧田 80～100 平方米；中苗（1∶80）～（1∶100），每公顷本田需育秧田 100～120 平方米。

③苗床规格。采用大中棚育苗。中棚育苗，床宽 5～6 米，床长 30～40 米，高 1.5 米；大棚育苗，床宽 6～7 米，床长 40～60 米，高 2.2 米，步行道宽 30～40 厘米。

④整地做床。提倡秋施农肥，秋整地做床；春做床的早春浅耕 10～15 厘米，清除根茬，打碎坷垃，整平床面。

⑤床土配制。选用疏松、肥沃、富含有机质、偏酸、无草籽的腐殖土或旱田土，风干过筛，最好加 15%～20% 草炭土，按照每平方米苗床需要 20 千克原土，（每钵盘需要 4 千克），加入适量 75% 浓硫酸使 pH 值达到 4.5～5.0，制成营养土。

⑥浇足苗床底水

床土浇足底水使床土水分达到饱和状态。

（2）种子及种子处理。选用熟期适宜的优质、高产、抗逆性强的品种，保证霜前安全成熟，严防越区种植。种子达二级以上标准，纯度不低于 98%，净度不低于 97%，发芽率不低于 90%（幼苗），含水量不高于 15%。每 2 年更新 1 次。浸种前 1 周左右选晴天晒种 2～3 天，每天翻动 3～4 次，增加种子活力。筛出草籽和杂质，提高种子净度。用密度为 1 080～1 100 千克/立方米的盐水选种，用鲜鸡蛋测定密度，鸡蛋在溶液中露出二分硬币大小即可。捞出秕谷，再用清水冲洗种子。生石灰浸种，在室内常温下浸种消毒 5～7 天。将浸泡好的种子，放入 50～60℃ 温水中预热后立即捞出，将种子装入袋中放在铺有 30 厘米厚稻草炕上，用塑料布或麻袋盖好，在温度 30～32℃ 条件下催芽 48 小时左右。当种子有 80% 左右露白时，将温度降到 25℃ 催长芽，要经常翻动。当芽长 1 厘米时，降温到 15～20℃，晾芽 6 小时左右，方可播种。

（3）育秧播种。4 月中旬，当平均日气温稳定通过 5～6℃ 时开始播种。大苗每平方米播芽种 150～175 克，中苗每平方米播芽种 200～275 克，或按计划密度计算播芽量。播后压种，使种子三面入土，然后用过筛细土盖严种子，覆土厚度 0.5～1 厘米。以人工除草为主。

3. 秧田管理

（1）温度管理。播种至出苗期，密封保温；严防高温烧苗和秧苗徒长，具体见表 1-3。移栽前全揭膜，炼苗 3 天以上，遇到低温时，增加覆盖物，及时保温。

表1-3 秧田温度管理

	棚内温度	棚内空气
1 叶 1 心期	不超过 28℃	苗棚通风炼苗
1.5～2.5 叶	25℃	逐步增加通风量
2.5～3.0 叶	20℃	苗棚昼揭夜盖

（2）水分管理。秧苗 2 叶期前原则上不浇水，保持土壤湿润。当早晨叶尖无水珠时补水，床面有积水要及时晾床；秧苗 2 叶期后，床土干旱时要早、晚浇水，每次浇足浇透；揭膜后可适当增加浇水次数，但不能灌水上床。

（3）苗床灭草。以人工除草为主。

（4）预防立枯病。秧苗 1 叶 1 心期时，施米醋、大蒜、辣椒汁液。

（5）苗床追肥。秧苗 2.5 叶龄期发现脱肥，应使用符合有机产品种植要求的肥料。

（6）起秧。无隔离层旱育苗提倡用平板锹起秧，秧苗带土厚度 2 厘米。

三、种植技术以及管理措施

1. 本田耕整地及插秧技术

（1）本田耕整地。

①准备。整地前要清理和维修好灌排水渠，保证畅通。

②修建方条田。实行单排单灌，单池面积以700～1 000平方米为宜，减少池埂占地。

③耕播地。实行秋翻地，土壤适宜含水量为25%～30%，耕深15～18厘米；采用耕翻、旋耕、深松及耙耕相结合的方法，以翻1年，松旋2年的周期为宜。

④泡田。5月上旬放水泡田，用好"桃花水"，节约用水。

⑤整地。旱整地与水整地相结合，旋耕田只进行水整地。旱整地要旱耙、旱平、整平堑沟，结合泡田打好池埂；水整地要在插秧前3～5天进行，整平耙细，做到池内高低不过寸，肥水不溢出。

（2）插秧。日平均气温稳定通过12～13℃时开始插秧，高产插秧期为5月15－25日，不插6月秧。中等肥力土壤，行穴距为30厘米×13.3厘米（9寸×4寸）；高肥力土壤，行穴路为30厘米×16.5厘米（9寸×5寸），每穴2～3棵基本苗。拉线插秧，做到行直、穴匀、棵准，不漂苗，插秧深度不超过2厘米，插后查田补苗。

2. 主要病虫草害防治

（1）除草。在病虫草害防治上，采用稻鸭共作和生物防治，按绿色食品安全使用标准和国家有关规定不施用农药，减少环境污染和残留。

（2）防治负泥虫。用人工扫除。培育大苗壮秧和稻田放鸭相结合，防治负泥虫。

（3）防治稻瘟病。选用抗病品种，稀播稀插，稻田放鸭等措施来有效防治稻瘟病。

3. 水肥管理

（1）灌溉。稻田灌溉水具体方法和时间见表1-4。

表1-4　稻田灌溉水管理

	灌水时期	灌水量和方法
护苗水	插秧后返青前	苗高2/3的水，扶苗护苗
分蘖水	有效分蘖期	3厘米浅稳水，增温促蘖，9月初撤水
护胎水	孕穗至抽穗前	4～6厘米活水

表 1-4（续）

灌水时期		灌水量和方法
扬花水	抽穗扬花期	5～7 厘米活水
灌浆水	灌浆到蜡熟期	间歇灌水，干干湿湿，以湿为主

（2）晒田。有效分蘖中期前 3～5 天排水晒田。晒田达到池面有裂缝，地面见白根，叶挺色淡，晒 5～7 天，晒后恢复正常水层。

黄熟初期开始排水，洼地可适当提早排水，漏水地可适当晚排。

（3）施肥。多施农家肥，少施化肥。每公顷施腐熟有机肥 30 000 千克；一般稻田施肥量为 P_2O_5 6 千克/亩、K_2O 14 千克/亩。

四、收获脱谷储藏

1. 收获

当 90%稻株达到完熟即可收获。做到单品种单种、单收、单管，割茬不高于 2 厘米，边收边捆小捆，码小码，搞好晾晒，降低水分。稻捆直径 25～30 厘米。立即晾晒，基本晒干后再在池埂上堆大码，封好码尖，防止漏雨、雪，收获损失率不大于 2%。

2. 脱谷

稻谷水分达到 15%时脱谷，脱谷机 550～600 转每分，脱谷损失率控制在 3%以内，糙米率不大于 0.1%，破碎率不大于 0.5%，清洁率大于 97%。

3. 储藏

温度控制在 16℃以下；稻谷水分 14%～15%；空气湿度 70%左右。

第六节　马铃薯栽培技术

一、马铃薯基本状况简介

马铃薯除含有大量的碳水化合物外，还含有丰富的维生素、氨基酸和矿物质。

单位面积蛋白质产量是小麦的 2 倍，水稻的 1.3 倍，玉米的 1.2 倍，所含维生素 C 是苹果的 10 倍。马铃薯不但营养齐全，而且结构合理，极易被人体吸收。同时，马铃薯还含有胡萝卜素和抗坏血素。营养专家指出"每餐只吃马铃薯和全脂牛奶就可获得人体所需的全部营养元素"，可以说马铃薯是十全十美的全价营养食物。它除了是营养丰富而齐全的食品外，其加工增值效果十分显著，具有很高的经济价值。在工业加工上，马铃薯淀粉及其衍生物以自身独有的特性，成为纺织业、造纸业、化工、建材、医药等多领域的优良添加剂、增强剂、黏合剂和稳定剂。

二、产地环境选择与建设以及种植准备

1. 产地环境选择

疏松、中性或微酸性的沙壤土或壤土，并要求 3 年以上未重茬栽培马铃薯的地块。

2. 品种选择

应选择熟期适宜、丰产、商品性好、适应性广、抗病力强的品种。

3. 薯块选择

种薯具有该品种特征，薯块大小均匀，无病虫，伤口愈合，无冻伤。

4. 整地

选择 pH 值 5.5～7.5 的土壤，以壤土、沙壤土为宜，深翻，并晒垄培肥。播前 10～15 天整畦，畦宽 100～180 厘米，畦面中间稍高，达到泥细无杂草。沟宽 20～25 厘米，主沟、围沟深 25～30 厘米，支沟深 15～20 厘米。

5. 切块

每切块薯重 20～25 克，使每一薯块至少带有 1～2 个芽眼。小种薯视芽眼纵切 2 块，或整薯播种；中薯纵切 3～4 块；大薯视芽眼，螺旋形向顶部切。切刀用 5%的来苏水或 75%酒精浸泡或擦洗消毒，等待伤口愈合后播种。

三、种植技术以及管理措施

1. 播种

按行距开播种沟，地温低而含水量高的土壤宜浅播，深约 5 厘米；地温高而

干燥的土壤宜深播，深约 10 厘米。不同专用型品种要求不同的播种密度，范围在每亩植 3 500～5 000 穴。薯块芽眼朝上平放。每亩用 750～1 000 千克焦泥灰或细土覆盖，覆土厚度 1.5～2 厘米为宜。

2. 田间管理

（1）播后苗前除草。要求土壤湿润。每亩用 76% 扑·噻·乙草胺乳油 100～130 毫升，兑水 50 千克，均匀喷雾，不重喷，不漏喷。

（2）中耕除草。齐苗后及时中耕除草，封垄前进行最后 1 次中耕除草。

（3）培土。一般结合中耕除草培土 2～3 次。出齐苗后进行第 1 次浅培土，显蕾期高培土，封垄前最后 1 次培土，成高而宽的大垄见图 1-1。

图 1-1　马铃薯大垄

3. 主要病虫害防治

按照"预防为主，综合防治"的植保方针，坚持以"农业防治、物理防治、生物防治为主，化学防治为辅"的无害化控制原则。

主要病害为晚疫病、早疫病、环腐病等；主要虫害为蚜虫、蓟马、粉虱、金针虫、蛴螬等；地下害虫以地老虎为主。

（1）农业防治。选用抗病品种。选用无病虫种薯；测土平衡施肥；增施充分腐熟的有机肥，不偏施氮肥，少施化肥；清除病苗、病叶。

（2）生物防治。采用细菌、病毒制剂及性诱剂等生物方法防治。释放天敌，如捕食螨、寄生蜂、七星瓢虫等。保护天敌，创造有利于天敌生存的环境，选择对天敌杀伤力低的农药。利用苏云金杆菌防治鳞翅目幼虫等。

（3）物理防治。根据害虫的趋化性、趋光性原理，设置诱光灯、防虫网、采用避蚜膜等驱避、诱杀害虫。

（4）化学防治。下种时，用10%辛硫磷颗粒剂2.5千克，拌细土20千克穴施覆土，可防治地下害虫。

晚疫病、早疫病防治：发病初期，用58%甲霜·锰锌可湿性粉剂兑水800倍液，隔7～10天连用2次。

环腐病防治：种薯处理，用70%敌磺钠可湿性粉剂0.2%～0.3%浓度进行浸种。每亩用77%氢氧化铜可湿性粉剂1 000倍液喷施1～2次。

4. 水肥管理

（1）基肥。中等肥力田块每亩施农家肥1 000～1 500千克或多效有机菌肥100～150千克，播种前10～15天整地时施。每亩施氮、磷、钾含量各为15%的硫酸钾复合肥60千克，再加尿素15～20千克，在播种时施于两穴之间，以防肥害。

（2）追肥。视苗情追肥，宜早不宜晚，宁少勿多，可沟施、点施、叶面喷施。茎叶封行后，每亩用尿素50克加磷酸二氢钾100克兑水15千克在露水干后喷施叶面肥1～2次。

（3）灌溉和排水。在整个生长期土壤含水量保持在60%～80%，出苗前不宜灌溉，块根形成期及时适量浇水，块根膨大期不能缺水。浇水时忌大水漫灌，在雨水较多的季节及时排水，田间不能有积水。

四、收获

根据生长情况和市场需求及时采收。收获前若植株未自然枯死，可提前7～10天杀秧，收获后块茎避免暴晒、雨淋、霜冻和长时间暴露在阳光下而变绿。收获时分大中小分级包装，剔除病、烂、破、青皮薯。

第七节　甘薯栽培技术

一、甘薯基本状况简介

甘薯，属旋花科一年生或多年生蔓生草本，喜温、耐旱、耐瘠，又名地瓜、红苕、山芋等，在我国栽种历史悠久。《本草纲目》等古代文献记载，甘薯有"补虚乏，益气力，健脾胃，强肾阴"的功效。甘薯块茎除含有丰富的淀粉外，还含有膳食纤维、胡萝卜素、维生素 A、维生素 B、维生素 C、维生素 E、以及钾、铁、铜、硒、钙等 10 余种微量元素和亚油酸等，营养价值很高，被营养学家们称为营养最均衡的保健食品。甘薯也被亚洲研究中心列为高营养蔬菜品种，称其为"蔬菜皇后"。它具有产量高、用途广、适应性强等特点，既是我国粮食作物之一，又可做饲料和工业原料。特别是现今能源匮乏，甘薯作为廉价的再生能源作物，具有很好的开发和利用价值。

二、产地环境选择与建设以及种植准备

1. 产地环境

选择生态良好，相对集中，无污染源，地势高，排灌方便，地下水位低的田块或地块，土层深厚、疏松肥沃、2～3 年未种植过旋花科作物（如空心菜），pH 值 6.0～7.5 的沙壤土或壤土，具有可持续生产能力的农业生产区域。

2. 种植准备

（1）品种选择。选用抗病、优质、高产、商品性好、适应市场需要的品种，在引进外地优良品种时要经过当地植物检疫部门检查，防止外地病虫害的入侵。

适宜在水源涵养区种植的品种有徐薯 18、鄂薯 2 号、鄂薯 4 号、鄂薯 5 号、鄂薯 407、鄂薯 603、豫薯 6 号、豫薯 7 号、豫薯 12 号、华北 533 等。

种薯应选择具有原品种皮色、肉色、形态特征明显的纯种，要求皮色鲜艳光滑，薯块大小适中（150～250 克），无病无伤，未受冻害，涝害和机械损伤，生命力强健的薯块。

（2）育苗。

①育苗时间。温床育苗法在定植前50天左右，一般在2月下旬至3月上旬，随海拔的升高推迟。海拔500米以下地区，2月下旬排种；500～700米地区，3月上中旬排种。每亩栽培面积需育苗床10～15平方米，需要种薯15～25千克。

②育苗床制作。一般按60%～70%未种植旋花科作物的熟土、30%～40%经无害化处理的有机肥的比例配制营养土，每1立方米营养土加入1千克复合肥（氮磷钾总含量30%），充分拌匀并过筛。厢宽1.7米，做成深10～15厘米茶盘式苗床。阳光下晾晒种薯1～2天。播种前将种薯置于56～57℃温水中上下不断翻动1～2分钟清洗，然后用51～54℃的50%多菌灵可湿性粉剂800倍液浸泡10分钟。

③排种。斜排种薯，种薯之间相隔2～4厘米，并做到头朝上、尾朝下、背朝上、腹朝下，种薯在苗床内上齐下不齐。排种后浇足水，待种薯表面晾干后再盖3～4厘米湿润细土，不见种薯，然后拱膜覆盖。

④苗期管理。育苗期间苗床温度控制见表1-5，当苗高20厘米以上时及时采苗。采用剪苗方法采苗，剪苗时留1～2节以利再生，每采1次苗追肥1次，每亩用稀粪水1 000～1 250千克兑尿素2～3千克泼浇。

苗龄30～35天，叶大肥厚，色泽浓绿，苗长20～25厘米，节间短粗，无病虫害，此时达到壮苗标准。

表1-5　甘薯育苗温度要求

	保温催芽	揭膜降温
齐苗前	30～35℃	>35℃
齐苗后	25℃左右	20～25℃

（3）整地起垄。移栽地深耕20～25厘米，将土整平、整细，并开好围沟、腰沟和厢沟。地整好根据垄宽画线开施肥沟，沟宽10厘米，深5～8厘米，施入有机肥和化肥，然后覆土做垄，在坡地和土层薄的田块，实行小垄单行种植（图1-2）。在平地和土层厚的田块实行大垄双行种植，即垄高45厘米、垄底宽100厘米、垄面40厘米平整。

起垄方向应因地制宜，在坡岗地要沿等高线环山扒沟起垄，垄向和山坡垂直，以利蓄水，防止水土流失；在多风地区，垄向以东西为好；在平原地带，以南北向较好。宜使用起垄机进行操作。

图1-2　甘薯地垄

三、种植技术以及管理措施

1. 定植

适时早栽是甘薯增产的关键，栽秧适期是地表下10厘米地温稳定达15℃以上时，在4月下旬至6月上旬即可开始栽插。选用壮苗栽插，栽时将大小苗进行分级，分别栽插，使其均衡生长。

应根据土地的位置、地下水和种植季节的降水情况决定采用直插或斜插。土层厚、保墒、保肥力好的田块采用斜插，其他田块宜采用直插。栽插时入土3～4节，地上留3～4节，地面留3～4片叶，其余4～5片叶插入土内为宜。栽插时浇足定苗水。甘薯插植的密度为每亩种植2 500～3 000株，小垄面单行栽插，株距控制在33～40厘米。大垄双行错窝种植，株距控制在45～53厘米。

2. 田间管理

（1）查苗补苗。栽插1周后查苗补苗，去除弱苗、病虫为害苗；选用壮苗补苗，并浇透水。

（2）中耕、除草、培土。活棵后至封垄，结合浇水追肥，中耕除草2～3次，中耕深度由深至浅，结合中耕进行培土，也可用150克/升精吡氟禾草灵乳油喷雾除草，用药量为50毫升/亩。

（3）浇水。缓苗期浇水1～2次，幼苗期浇小水，从现蕾开始小水勤浇，结薯后期保持土壤湿润，收获前1周停止浇水。雨季防止积水。

（4）摘心提蔓。生长过旺时，可采取摘心、提蔓、剪除老叶等措施。也可使用15%多效唑可湿性粉剂，每7天喷施1次，连喷2次，进行化学调控。

3. 病虫害防治

坚持"预防为主，综合防治"的植保方针，优先采用"农业防治、物理防治和生物防治"措施，配套使用化学防治措施的原则。

（1）农业措施。加强检疫，选用抗病品种；实行2～3年轮作，创造适宜的生育环境条件；培育适龄壮苗，提高抗逆性；应用测土平衡施肥技术，增施经无害化处理的有机肥，适量使用化肥；采用深沟高垄栽培，严防积水；在采收后将残枝败叶和杂草及时清理干净，集中进行无害化处理，保持田间清洁。

（2）物理防治。采用黄板诱杀蚜虫、粉虱等小飞虫；对于甘薯天蛾，在幼虫盛发期，可人工捏除新卷叶虫的幼蛾或摘除虫害包叶，集中杀死，应用频振式灭虫灯诱杀成虫，使用性诱剂诱杀雄虫等。

（3）生物防治。保护利用天敌，防治病虫害；使用生物农药。

（4）化学防治。药剂使用原则和要求严格按照国家有关规定执行，严禁使用禁用农药，严格控制农药浓度及安全间隔期，注意交替用药，合理混用。

黑斑病：栽插前用50%多菌灵可湿性粉剂1 000～2 000倍液，或用50%甲基硫菌灵可湿性粉剂500～700倍液浸茎基部6～10厘米，10分钟，随后扦插。

根腐病：发病初期可用77%氢氧化铜可湿性粉剂500倍液喷雾防治，安全间隔期为10天。

斑点病：发病初期用65%代森锰锌可湿性粉剂400～600倍液或20%甲基硫菌灵可湿性粉剂1 000倍液喷雾防治，每隔5～7天喷1次，共喷2～3次。

蚜虫：每亩用50%抗蚜威可湿性粉剂20克兑水30千克喷雾防治，安全间隔期10天。

甘薯天蛾：用50%辛硫磷乳剂1 000倍液，80%敌敌畏乳油2 000倍液，喷雾防治。

甘薯小象甲：冬诱，收获时，由于割蔓和挖薯的震动，大部分成虫掉落田间，此时可利用鲜薯蔓扎或将鲜薯蔓团浸药90%敌百虫原药500～800倍液浸3～6小时捞起晾干或其他药液浸3～6小时捞起晾干进行诱杀。春诱，春季气温15℃时，越冬成虫开始活动觅食，可用小薯块浸（90%敌百虫原药500～800倍液，95%晶体敌百虫）500～800倍液，诱杀。

苗地和越冬薯地用敌百虫、敌敌畏、20%阿维·杀螟松乳油500倍液，25%亚胺硫磷乳油500倍液喷雾。药液保苗即扦插时把薯苗浸在20%阿维·杀螟松乳油500倍液中，取出晾干扦插。

地下害虫：薯田内地下害虫主要有地老虎、蛴螬等，可用50%辛硫磷乳油150～200克拌土15～20千克，结合后期施肥一同施下。

4. 草害防治

以人工除草为主，辅用150克/升精吡氟禾草灵乳油喷雾除草，用药量为50毫升/亩。分别在栽插和中耕时分2次进行防治。

5. 施肥

（1）施肥原则和比例。使用经无害化处理的有机肥，配合施用无机肥。全生育期养分以基肥为主，基肥用量应占施肥总量的70%～80%，追肥占20%～30%。氮磷钾比例为2∶1∶3，忌氯。

（2）施基肥。按照"农家肥为主，化肥为辅，底肥为主，追肥为辅"的施肥原则。每亩产3 000千克鲜薯需施优质农家肥3 000千克，过磷酸钙20～25千克，硫酸钾15～20千克，尿素10千克作底肥。

（3）追肥。栽插后的1个半月内，根据苗情，结合中耕适时追肥，每亩施尿素10千克，硫酸钾10～15千克，可用施肥器穴施，以促进茎叶生长；块根膨大期可用2%的磷酸二氢钾叶面喷施，每隔10～15天喷1次，共喷2次，每次用液60～80千克/亩。

四、收获与贮存

10月进入收获期，选择晴好天气陆续采收。采挖过程中尽量注意块根的完整，采收后放在阴凉处，统一包装。有条件的地区可以采用机械收获。

1. 包装

包装（箱、筐、袋）应牢固，内外壁平整。包装容器保持干燥、清洁、透气、无污染。

每批甘薯的包装规格、单位净含量应一致。包装上的标志和标签应标明产品名称、生产者、产地、净含量和采收日期等，字迹应清晰、完整、准确。

2. 运输

甘薯收获后及时包装、运输。运输时要轻装、轻卸，严防机械损伤。运输工具要清洁卫生、无污染、无杂物。

3. 贮存

临时贮存应保证有阴凉、通风、清洁、卫生的条件。防止日晒、雨淋以及有毒、有害物质的污染，堆码整齐。

短期贮存应按品种、规格分别堆码，要保证有足够的散热间距，温度以11～14℃、相对湿度以85%～90%为宜。

第八节　绿豆栽培技术

一、绿豆基本状况简介

绿豆，又称青小豆，为豆科豇豆属一年生草本植物，在我国南北各地均有栽植。绿豆历来是重要的粮食、蔬菜、绿肥、药用作物，具有抗旱、耐瘠、耐荫蔽、生育期短、播种期长、适应性广等特点，而且具有较好的固氮能力，是补种、填闲和救荒的优良作物，被人们称为"绿色珍珠"。

绿豆籽粒营养丰富，据测定，每100克绿豆中含碳水化合物58.8克、蛋白质23.8克、脂肪0.5克、磷0.36克、钙80毫克以及胡萝卜素、维生素（维生素B_1、维生素B_2、维生素E）、烟酸等多种营养成分。绿豆不仅有较高的食用价值，而且有一定的药用价值，作为药、食双重功效兼备的重要食品资源，是人们理想的营养保健食品。

近年来，随着农业种植结构调整步伐的加快，绿豆生产又得到进一步发展。绿豆作为一种用途广泛的小杂粮，其经济价值不断提高，已成为广大农民致富的辅助性经济作物。

二、产地环境选择以及种植准备

1. 选地整地

绿豆在水源涵养区大部分地区均可种植，以土层深厚、肥力中等、光照充足的中性或弱碱性壤土为宜。绿豆属深根作物，且子叶肥大，对整地要求较严，播前应深耕、细耙，达到上松下实、深浅一致，否则会影响出苗。

2. 品种选择

目前较适宜种植的、产量高、品质优良且抗性表现突出的绿豆品种主要有鄂绿5号，冀绿11，冀绿7号，中绿1号，中绿2号等。

3. 间作套种

绿豆生育期短，植株矮小，耐瘠耐旱耐荫蔽，且具有较好的固氮能力，可与高秆或前期生长缓慢的作物进行间作套种或混种，也是良好的救荒和填闲作物。常用的间套种方式主要有：绿豆—玉米（高粱、谷子）、绿豆—甘薯、绿豆—幼龄果树（图1-3）等。

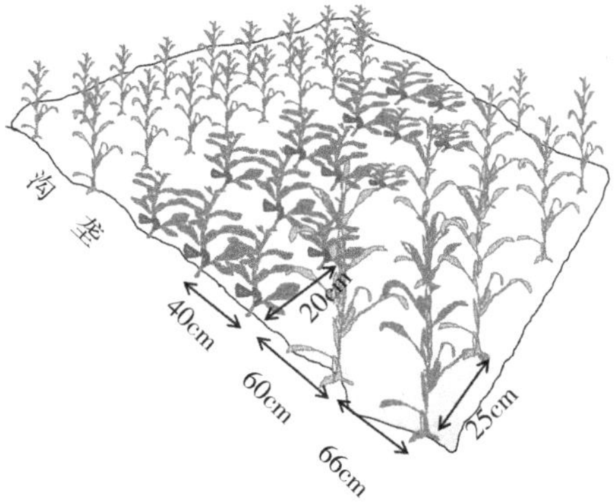

三、种植技术以及管理措施

图1-3 绿豆—玉米间作种植

1. 作物管理

（1）适宜播期。绿豆播种适期长，掌握"春播适时、夏播抢早"的原则，根据气候条件和耕作制度确定适宜播期。春播在5厘米地温稳定于12～14℃时，即4月下旬至5月上旬播种，夏播最迟在6月中旬播种。

（2）种植方式及密度。在生产中可以采用条播、撒播和穴播等方法。单作宜采用宽窄行条播，宽行70厘米，窄行30厘米。间套作多采用穴播，作绿肥时可采取撒播方式。一般条播为每亩用种量1.5～2千克，撒播为4～5千克，间作套种视绿豆种植面积而定。种植密度可根据品种特性、土壤肥力和种植制度适当调整，掌握"早熟宜密，晚熟宜稀；直立型密，半蔓型稀，蔓生型更稀；肥地稀，瘦地密；早种稀，晚种密"的原则。单作条播和撒播密度8 000～10 000株/亩，穴播密度在6 000～8 000株/亩，行株距40厘米×20厘米。播种的深度视土壤类型而定，以3～5厘米为宜，沙壤土略深，黏壤土稍浅。

（3）间苗、定苗。为使幼苗分布均匀，个体发育良好，应在绿豆出苗达到2叶1心时，剔除疙瘩苗。4片叶时定苗，按密度去除弱苗、病苗、小苗、杂苗及杂草，留壮苗。

2. 病虫害管理

绿豆主要病害为根腐病、病毒病、锈病、叶斑病、白粉病等；主要虫害为蛴螬、地老虎、蚜虫、豆野螟、豆蟓等。

（1）农业防治。

因地制宜选用抗病、抗虫能力强的品种。冬季对土壤进行翻耕，防止和减少幼虫及虫卵越冬。与非豆科作物合理轮作或间作套种，及时清除田间病虫植株残体。结合生产经验，适当调整播种期，以避开病虫害高发期。田间安装杀虫灯，诱杀小地老虎和螟虫。或在田间挂设银灰色塑膜条驱避蚜虫。尽可能保护天敌，利用田间捕食螨、寄生蜂、食虫蝇、瓢虫等自然天敌，控制有害生物的发生。

（2）化学防治。注意交替用药，盛花期后不再施用农药。具体病虫害防治方法如表1-6所示。

表1-6　绿豆病虫害防治技术

病虫害	防治方法
根腐病	播种前用75%百菌清可湿性粉剂、50%多菌灵可湿性粉剂，按种子量0.3%的比例拌种
锈病/叶斑病	发病初期用50%多菌灵可湿性粉剂800倍液，或75%百菌清可湿性粉剂400～500倍液喷雾，每隔7～10天1次，连喷2～3次
白粉病	发病初期选用25%三唑酮可湿性粉剂1 500倍液喷雾，或用50%多菌灵可湿性粉剂800～1 000倍液喷雾，每隔7～10天1次，连喷2～3次
豆荚螟	初花期用2%阿维·苏云金可湿性粉剂1 500倍液喷雾，每隔7～10天1次，连喷2～3次

3. 土壤与水肥管理

（1）春播施肥。在播种前，结合耕地一次性施足底肥，每亩施45%含量复合肥20千克，一般不追肥。如果土壤肥力差、后期有脱肥症状，可视作物生长状况追施尿素4.5～8千克/亩。

（2）夏播施肥。夏播绿豆因为抢抓农时，抢墒播种来不及施底肥，每亩可用5千克复合肥作种肥，在第4片复叶展开前后，结合培土亩施过磷酸钙20千克加尿素2.5千克。

（3）中耕除草。结合中耕除草，在第 1 片复叶展开后结合间苗进行第 1 次浅锄；第 2 片复叶展开后，结合定苗进行第 2 次中耕；第 4 片复叶展开后结合培土进行第 3 次深中耕，及时防控田间杂草。

（4）适期灌溉。绿豆生育初期对水分需求相对较小，但随着生育时期的推移，要注重科学灌溉。在有条件的地区，可在开花前灌水 1 次，结荚期再灌水 1 次；若水源紧张，可集中在盛花期灌水 1 次；在没有灌溉条件的地区，要依据气候特征，适当调节播种期，使绿豆花荚期赶在雨季。为预防涝渍灾害，可采用起垄种植或在开花前培土等策略。

四、及时收获与储藏

1. 及时采收

根据品种特性适时采收。推广应用一次性收获的方法，植株上 80% 以上的荚成熟后一次性收割，也可采用多次收获的方法，植株上 50% 左右的豆荚成熟后，开始采摘，以后每隔 5～8 天收摘 1 次。

2. 科学储藏

收下的绿豆在储存前要及时高温晾晒、脱粒，也可以采取低温杀虫，持续 0℃ 低温 1～2 天或者真空保存，严防霉变、虫蛀和污染。

第二章　水果作物绿色高效生产技术

第一节　柑橘栽培技术

一、柑橘基本状况简介

柑橘长寿、丰产稳产、经济效益高，是我国南方果树最主要的树种。柑橘果实营养丰富，色香味兼优，既可鲜食，又可加工成以果汁为主的各种加工制品。柑橘产量居百果之首，柑橘汁占果汁的3/4，广受消费者的青睐。柑橘还有一定的药用价值，其橘络、枳壳、枳实、青皮、陈皮就是传统中药材，在中医临床广泛应用。柑橘具有较大的经济价值，对果农脱贫致富，农村经济发展起着重大的作用。

水源涵养区柑橘资源丰富，栽培历史悠久，是柑橘生产的适宜区之一。水源涵养区柑橘产业发展迅速，面积稳步增长，产量波动增加，单产逐年提高。柑橘在水果种植中所占比例日趋合理，柑橘产后处理和加工也有一定的基础，柑橘业已成为水源涵养区农业生产的支柱产业。为确保柑橘产业健康发展，应通过科学规划，推广优质高产栽培技术，着力实施以品种、品质、品牌和增加柑橘产业经济效益为中心内容的"三品一增"科技工程，促进柑橘产业升级。

二、生态建园及苗木准备

1. 建园合理稀植

建园一般要求在海拔450米以下，坡度不宜超过15°，土壤厚度不低于40厘米，pH 值在 7.5 以下，水源充足无冻害和检疫性病害的地域。然后考虑采光、透风和土地使用率。

平地橘园：坡度在 6° 以下的缓坡地，栽植行向以南北向为好。行间日照时间长，互相遮阴的时间少，冬季冷空气容易通过，不易滞留产生冻害。采用长方形栽植，每小区行、株都必须对齐，拉成直线。

山地栽树：坡度在 10°～25° 的丘陵山地，随水平梯田走向，按株、行距，每梯栽一行或几行。按等高栽植，株行间可随梯田走向而弯曲。采取宽行密株的种植方式，树冠定型后，行间尚有 1 米以上的空间为适宜，确保柑橘树充分采光和橘园通风透光、减少病虫滋生。由于溃疡病和黄龙病极易发生，所以安排一些临时株。

栽植密度，按亩栽植的永久株数量计，不同品种的栽植密度如表 2-1，确定好株距，在种植点做记号，横看、竖看、侧看都成行。

表 2-1　不同品种柑橘种植密度

品种	株距（米）	行距（米）	每亩株数（株/亩）
甜橙	3.5～4	4.5～5.5	30～42
宽皮柑橘	3～3.5	3.5～4.5	40～60
柚类	4～5	5～6	22～33

2. 选用优良品种

品种是产业发展的基础，选用高产优质、抗病性、抗逆性较强的优良品种进行区域化栽培是取得优质高效的前提。柑橘品种的选择，应以市场原则为主导，充分利用区位、生态、气候等优势，栽培具有特色的品种，培育特色品种，提高市场竞争力。

3. 采用优质苗木

苗木是树体的基础，根系发达、主根直、无检疫性病害和常见病害的壮苗是培育树体的起点，目前无病毒容器苗是首选。在砧木选择上，不仅要考虑优良的园艺学性状还要考虑种质的纯正性（图 2-1）。

三、种植技术以及管理措施

1. 土壤管理

(1) 果园生草。柑橘树的吸收根主要分布在地表层，采用行间生草的方法，旨在创造良好的根际生长环境、降低劳动力成本、减少水土流失、缓冲果园温湿度变化，通过树冠滴水线外 30 厘米以内的树盘下土壤疏松、基本无草，控制草的高度不超过 35 厘米。伏旱时及时刈割，用于果园覆盖，减少水分蒸发；雨季尽量促进草生长，减少水土流失；果实成熟期及时割草铲草，增加地面反光，降低果园空气温度和土壤湿度，起到提高果实品质的作用（图 2-2）。

图 2-1　柑橘容器育苗　　　　图 2-2　柑橘标准园生草实例（三叶草）

(2) 改土与增肥。对生产栽培来讲，土壤质地疏松肥沃，有机质含量在 1.5% 以上的壤土和沙壤土，活土层在 60 厘米以上，pH 值 6.0～6.5，适宜柑橘丰产。一般采用加深土壤、肥沃土壤、调整土壤 pH 值等方式。柑橘园土壤碱性较强时，易造成中微量元素吸收障碍，可每亩施 10 千克硫黄粉。部分红壤土柑橘园酸性较强，易造成铝离子毒害，影响磷、钙的吸收，可亩施 100 千克石灰改良土壤。多施有机肥可改良土壤孔隙度和有机质含量，通过秸秆、杂草、谷壳、畜粪便等就地取材的原地生物覆盖、深翻，提高土壤肥力，保持表层土壤疏松，防止水土流失，提高柑橘园产量和质量。

（3）施肥灌溉与排水。柑橘生长主要靠4次梢，分别是春梢、夏梢、秋梢、冬梢。为保证树体生长，需要足量肥料及时补充，利于新梢萌发和枝条健壮生长，以及扩大树冠和培养结果枝组，速效壮果肥在早秋梢萌发前10~20天施入，迟效壮果肥在早秋梢萌发前25~35天施入。采果肥宜根据品种，一般在10月下旬施用。施肥方法一般采用环状沟施、放射状沟施、条状沟施、穴状施肥等。高温干旱季节灌水应在傍晚和早晨，灌溉一般采取沟灌、穴灌、树盘灌、滴灌、微喷灌等方式，使主要根系分布层湿度达到土壤持水量的60%~80%为宜。在采果前一周不要灌水。同时注意在低洼排水不畅的橘园、地下水位高的橘园、河滩柑橘园，易造成柑橘涝害导致根系发生霉烂。对易发生涝害的果园，要起垄排水排渍，沟深80厘米以上。对已发生涝害的果园在积水排出后松土、晾根，使部分根系可以接触空气，然后重新覆土（图2-3）。

2. 树体管理

（1）合理整形。推行矮干、自然开心形的整形方式，尽量开张树冠，保证通风透光，形成天窗和侧门，提高内膛光照强度，达到枝条斜生、立体结果的效果（图2-4）。

图2-3 肥水一体化及喷灌设施　　图2-4 地膜覆盖及大冠改小冠丰产图

（2）修剪方法。平衡果树地上和地下部生长，常见的修剪方法包括：针对基部枝梢、小枝、侧枝进行疏删；针对枝梢、小枝、枝组的一部分进行剪除；对两年生以上小枝、枝组，剪口下保留枝稍回缩；对过长春梢、夏梢和秋梢在自剪期间摘去过长部分的摘心；在夏梢、秋梢生长 1～2 厘米时，将不合理的嫩芽抹除。

针对幼年树定植后，采用短截、摘心、抹芽等方式培养树形，抽发强壮枝梢；针对初结果树，通常采用促春梢、控夏梢、放秋梢等方式均衡营养生长和生殖生长；对成年树一般采用调整树冠、疏剪郁闭大枝，更新结果枝组，回缩结果母枝，合理修剪下垂枝等方式来更新结果枝组，培养优良结果母枝；对衰老树一般采用局部更新、露骨更新、主枝更新等方式以恢复树势。

3. 花果管理

以增强树势为重点，保护好叶片；以调节营养分配为核心，合理修剪和控梢；以产量和品质并举为原则，喷施叶面肥控制使用生长调节剂；平衡大小年为目标，适时疏。疏除顶生、低质、粗皮大果、朝天果、过大过小果、畸形果、密生果、病虫果。

4. 病虫草害综合防治

（1）挂害虫诱杀灯。每 30 亩 1 盏，诱杀趋光性害虫。4 月上旬统一亮灯，10 月下旬停灯。

（2）挂捕食螨袋。每株挂一袋，每亩挂 60 袋左右，控制红、黄螨类。5 月上旬释放捕食螨。释放前 20 天做好清园工作。释放时将包装袋两边剪开缺口，外用厚薄膜覆盖，并用图钉钉在树冠中上部内部分权处，避免阳光直射。释放后禁用杀虫杀螨剂，防治病害于 1 个月后喷施对捕食螨影响小的杀菌剂。

（3）挂黄色诱杀板。每亩 20 张，诱杀黑刺粉虱、柑橘粉虱、蚜虫、蜡蝉类等害虫。悬挂高度以高于树冠 20～40 厘米为宜，4 月上旬挂板。

（4）大实蝇成虫诱杀技术。大实蝇发生区进行，主要分园外诱杀和园内灭杀两段进行。在大实蝇未进入果园之前，于果园四周及近林处点喷或挂瓶诱杀，形成一道防线，降低果园内虫口量，减少果园用药次数和用药面积；当果园内见第 1 头大实蝇成虫 1 周后开始进行园内灭杀。

诱杀方式以树冠喷雾为主，挂瓶诱杀和低位喷雾为辅。①树冠喷雾。以

0.1%阿维菌素，浓饵剂点喷或敌糖液（敌百虫∶红糖∶水＝1∶20∶500）低浓度弥雾全园喷雾，灭杀大实蝇成虫，7天1次，连续防治3次。②挂瓶诱杀。每亩挂瓶15～20个，每瓶盛敌糖液10～15毫升。③低位喷雾诱杀。阴雨潮湿天气，在果园及其四周的矮生植物群体上喷以适量诱杀剂。0.1%阿维菌素，浓饵剂1袋加水15千克。

（5）捡拾虫果技术。从8月开始，每2～3天摘除1次树上早黄的虫果、捡拾地上落地果，将所有废弃果进行无害化处理，杜绝果内蛆虫逃逸。虫果可用塑料袋密封闷杀、水煮、挖土坑深埋等方法处理。

（6）生草栽培技术。3－4月铲除果园恶性杂草，保留良性杂草，种植百喜草、藿香蓟等绿肥，以增强防旱保温能力。

四、完熟栽培与采后处理

1. 采收

柑橘一旦采收营养物质的总含量就不再提高、为达到商品果的质量应根据柑橘品种、成熟期、果实用途来确定采收期。通常以果皮色泽、可溶性固形物/有机酸比值、果汁含量等来作为参考指标。采收前15天停止灌溉，采收期遇霜、露、雨等天气，宜在大风大雨停后2天采收，采果时指甲剪平，采用两剪法，第1剪在离果蒂3～5厘米处，再齐果蒂复剪1刀，一般由树冠外到内，由上到下依次采收，轻拿轻放，保持萼片完整并不形成机械损伤。

2. 预贮

预贮有预冷散热、蒸发失水，愈伤防病的作用，橙类等果实预贮时间为2～3天，宽皮柑橘预贮为3～5天。

3. 储藏

储藏环境的温度、湿度、气体成分、风速、环境卫生都直接影响着果实出库后的品质。目前常见的柑橘储藏方式有地窖储藏、联拱沟窖储藏、改良通风库储藏、气调冷库储藏、湿冷通风库储藏，以保证出库后果实商品性。

第二节　猕猴桃栽培技术

一、猕猴桃基本状况简介

猕猴桃属于猕猴桃科猕猴桃属植物，是中华猕猴桃栽培种水果的称谓，俗称猕猴梨、藤梨、阳桃、木子与毛木果等，也称奇异果。我国是猕猴桃的起源国和分布中心，种质资源极为丰富，其集中分布区在中国的秦岭以南和横断山脉以东的地带，以及中国南部温暖、湿润的山地林中。李时珍在《本草纲目》中也描绘了猕猴桃的形色："其形如梨，其色如桃，而猕猴喜食，故有诸名。"

猕猴桃的质地柔软，酸甜适口，香味宜人，汁多肉肥，富含多种营养物质，被誉为"水果之王"。猕猴桃除含有猕猴桃碱、蛋白水解酶、单宁果胶和糖类等有机物，以及钙、钾、镁、硒、锌、锗等微量元素和人体所需 17 种氨基酸外，还含有丰富的维生素 C、维生素 A、维生素 E、葡萄酸、果糖、柠檬酸、苹果酸。猕猴桃的综合抗氧化指数在水果中位居前列，仅次于刺梨、蓝莓等小众水果，因此常被用来对抗坏血病。不仅如此，猕猴桃还能稳定情绪、降胆固醇、帮助消化、预防便秘，还有止渴利尿和保护心脏的作用。

猕猴桃因其极高的营养价值和丰富的应用价值，广受人们的青睐和喜爱，市场前景广阔。我国人工栽培猕猴桃始于 20 世纪 70 年代末期，已有 40 多年的历史，在陕西、四川、河南、湖南、湖北等地区栽培面积较大。在猕猴桃栽培过程中，选择科学合理的栽培技术，同时做好病虫害防治工作，可以提高猕猴桃的产量和品质，促进猕猴桃种植业的发展。

二、产地环境选择与建设以及种植准备

（一）产地环境选择

适宜种植在海拔 300～1 200 米地区，在平地或坡度低于 25°的地方均可。土壤 pH 值 6.5～7.0，土层深厚，有机质含量 1.0%以上，以不淹水透气性好的沙壤土或壤土为宜。

（二）园区建设

1. 果园搭架

坡地或不规则建园可使用"T"形架构，平地建园可使用水平大棚架构（图2-5）。

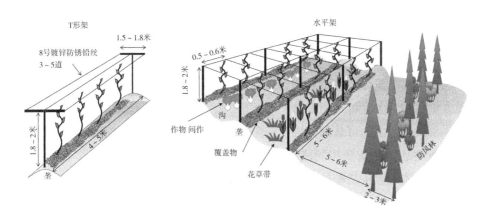

图 2-5　猕猴桃果园建设

2. 防风林

在主迎风面距猕猴桃栽植行5～6米处栽植防风林带或人造防风屏障。防风林乔灌木高矮结合，栽植2～3排，行株距（1.0～1.5）米×1.0米，交错种植。树种以深根性为主，可选为杨树、柳树、杉树等。

3. 间作套种

前1～3年未封行可间作套种瓜果、蔬菜、豆类、花生、中草药等矮秆作物，封行后架面下可生产食用菌和药材等。

4. 地面覆盖

在施肥、灌水后利用稻草、山青、秸秆、谷壳等材料覆盖树盘或全园。一般幼年园采用树行覆盖，成年园采用全园覆盖，覆草厚度15～20厘米，连续覆盖3～4年后结合深翻入土。

5. 行间生草

行间种植白三叶草、黑麦草或鸭茅草等，根据树冠大小合理留取营养带，每年刈割2～3次，覆盖树盘，3～4年进行翻压1次。如若所种草类花期与猕猴桃相近，于猕猴桃花前进行刈割。

6. 排灌系统

建立沟灌、滴灌或喷灌的灌溉系统。常用沟灌，若条件允许可采用滴灌或喷灌。果园内设排水沟，主排水沟深60～70厘米，支排水沟深30～40厘米，雨后及时进行排水。低洼易涝果园可对树盘进行培土，改变为高垄栽植。

（三）品种选择

选择果实品质优良且耐贮运、丰产稳产、抗逆性强的品种。生产园以发展美味猕猴桃品种为主，可选用金魁、海沃德、徐香等品种；观光采摘园以发展优质的中华猕猴桃为主，可选用金桃、金阳、金农、红阳等品种。建园时选择与主栽品种（雌性品种）花期相同或略早的亲和力高、花量大、花粉量多、花期长的授粉雄株。雌雄数量搭配比例为（5～8）：1。

三、种植技术以及管理措施

（一）作物管理

1. 定植方法

秋季栽植从落叶后至地冻前进行，就地育苗的可于10月下旬带叶栽植；春季栽植在解冻后至芽萌动前进行，时期不宜迟于2月底（伤流期前）。定植（图2-6）后踩实土壤浇足定根水，用黑色薄膜或秸秆覆盖幼苗。

2. 整形修剪

将各种枝蔓合理地分布于架上，协调植株生长和结果之间的平衡，以达到高产、高效的生产目的，宜采用单主干双主蔓形。

（1）幼树整形。定植后到伤流期之前，在嫁接部位以上留4～5个饱满芽短剪，萌芽展叶后，选择保留1个强壮新梢作主干培养。当新梢长至离架面10厘米左右时摘心，促其老熟，萌发二次梢。在二次梢中选择2个强壮梢作主蔓培养，引向沿着行向的两边绑缚在架面上，使其水平延伸，当主蔓长至株距的一半时摘心，促发侧蔓，并将侧蔓引向主蔓的两边生长。

（2）修剪。分冬季修剪与夏季修剪。冬季修剪在猕猴桃落叶后两周至早春

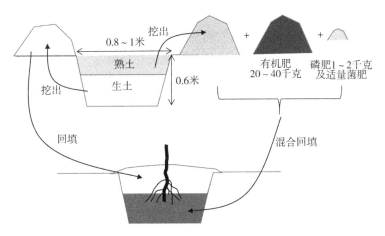

图 2-6　定植方法

枝蔓伤流发生前两周进行，12 月下旬至翌年 1 月底为冬季修剪最佳时期。夏季修剪包括抹芽、疏枝、绑蔓与摘心，在生长季中进行。

①冬季修剪。

结果母枝修剪：保留距主蔓较近的健壮发育枝和结果枝，数量不足时再选留中庸枝作结果母枝，舍弃生长过旺枝、过弱枝和短果枝。修剪完毕后结果母枝的有效芽数大致保持在 30~35 个/平方米架面，将所留的结果母枝均匀地分散开固定在架面上（表 2-2）。

表 2-2　结果母枝修剪要求

	营养枝（个）	长果枝（个）	中果枝（个）	结果母枝枝间距（厘米）
中华猕猴桃	6~10	4~6	2~4	约 30
美味猕猴桃	10~15	6~10	4~6	约 40

徒长枝的修剪：对生长位置不好的或交叉的无利用价值的徒长枝从基部疏除；对位置较好可剪留 4~8 个芽，使其抽生 3~5 个生长充实的营养枝作为结果母枝，对着生在近主蔓处未留作结果母枝的枝条，剪留 2~3 芽为下年培养更新枝，其余枝条全部疏除。同时，剪除病虫枝和干枯枝。

枝蔓更新修剪：枝蔓更新分为结果母枝更新和多年生枝蔓更新。对已衰老的或连续结果 2～3 年的结果母枝进行更新时，若结果母枝的基部有生长充实健壮的结果枝或营养枝，可将结果母枝回缩到健壮部位，以防结果部位外移；若结果母枝生长过弱或其上分枝过高时，应从基部潜伏芽处删除，促使潜伏芽萌发，再培养结果母枝。多年生枝蔓更新的方法是从衰老的枝蔓基部将其疏除，利用潜伏芽萌发的新梢重新培养结果枝蔓。更新要注意逐年进行，侧枝更新量每年控制在 4%～5%。

雄株的修剪：雄株主要提供花粉，冬剪一般较轻，因此雄株冬剪主要是疏除细弱枯枝、扭曲缠绕枝、病虫枝、萌蘖枝、位置不当的徒长枝，保留所有生长充实的各次枝，并对其轻剪；回缩多年生衰老枝。开花以后，对其进行重剪。

冬剪时，还应剪除枯枝、病虫枝、纤细枝，理清缠绕枝，还要注意因为猕猴桃髓部中空，剪口易枯干，为了不影响剪口芽的萌发，剪口应距剪口芽 2 厘米左右。

②夏季修剪。

抹芽：即抹去位置不当或过密的芽。一般从芽萌动期开始，大约每隔 2 周进行 1 次，晴天进行。抹芽要及时，一般冒出 3～5 厘米就应抹除，越早越好。每隔 30～50 厘米留 1 个健壮的结果母枝。以下芽需抹除：除根蘖苗及主干上萌发的长势很强的徒长枝；过密芽、瘦弱芽和萌发位置不当的芽；树冠外围结果枝上部摘心后发出的二次枝和树冠上部的徒长枝、过密枝。

疏枝：新梢长至 15 厘米以上，花序开始出现时进行疏枝。一般在 5 月中下旬至 6 月上旬进行。按 15～20 厘米的间距在每个结果母枝上留 4～5 个结果枝；疏除下垂枝、过密枝、细弱枝和发育不良的结果枝以及病虫枝、交叉枝和重叠枝，使整个树冠通风透光，枝条分布均匀合理。

绑蔓：待枝条长至 30～40 厘米已半木质化时绑蔓。采用"8"字形绑蔓，松紧适度，将新梢均匀地分布在架面上，不相互交叉重叠。对较直立的营养枝和强旺枝，可先在枝条基部进行扭枝后再绑蔓，以免发生拉劈和折断。

摘心：结果枝花序摘心，一般留 3～4 片叶摘心，摘心后萌发的二次副梢及时抹除，保证果实得到充分的营养供应。营养枝摘心根据多芽少枝长放的修剪方法，强壮枝留 13～15 片叶摘心，也可长放至顶端枝梢开始缠绕时摘心；中庸枝留 10～12 片叶摘心；短枝或弱枝留 7～8 片叶摘心，摘心后萌发的二次枝或三次枝，可留 3～4 片叶反复摘心。

（3）花果管理。

①疏花蕾。在蕾期（能分辨侧花蕾时）疏除小侧花蕾及过密小主花蕾，有利于主花蕾的生长发育。

②授粉。除自然授粉外，采用放蜂和手工授粉等辅助措施。在阴雨天需要采用人工授粉来提高授粉受精率。花期可喷 2%～3% 的蔗糖溶液吸引昆虫，有利于授粉。

③疏果。在坐果 2 周内进行疏果（5 月中下旬至 6 月初）。疏除畸形果、小果、病虫果及侧花果，保留由主花发育而成、外形端正、形体大的果实。一般强壮果枝留果 5～6 个，中果枝留 3～4 个，短果枝留 1～2 个，弱果枝不留。

（二）病虫草害管理

主要病害：溃疡病、花腐病、褐斑病、炭疽病、根腐病和根结线虫病等。

主要虫害：金龟子类、介壳虫类、钻心虫、透翅蛾、夜蛾、叶蝉等。

1. 农业防治

（1）多施有机肥，防止偏施氮肥、化肥。雨季注意清沟排水防止积水，降低果园湿度。

（2）结合冬季修剪，剪除病虫枝，刮去树干老翘皮，并清除田间枯枝、落叶、烂果，铲除杂草一同带出果园集中烧毁（有溃疡病的果园需烧毁），或结合施冬肥时深埋入土中，填入沟底时上撒石灰或石硫合剂残渣或其他杀菌剂、杀虫剂。

（3）合理选择栽种密度，加强冬夏季修剪，改善果园通风透光条件，减少介壳虫发生。

（4）冬春季对土壤进行翻耕，消灭地下的金龟子幼虫和蛹。在成虫发生期，利用金龟子、柑橘大灰象甲的假死性，于清晨或傍晚震动枝干，成虫即落地，集中扑杀，并及时剪除被钻心虫为害的嫩梢。

（5）萌芽展叶后即在果园附近挂诱蛾灯或频振式杀虫灯，可防治趋光性强的蛾类、金龟子类等害虫。

2. 化学防治

（1）冬季清园之后，全园（树体及地面）喷洒 3～5 波美度石硫合剂 1 次，防治越冬病虫害，减少越冬病虫基数；翌年春季萌芽之前再喷 1 次 1～2 波美度石硫合剂。

（2）细菌性花腐病发生的果园，初见花蕾时喷 1 次 0.1～0.2 波美度石硫合剂或 1∶1∶100 波尔多液，或螯合铜制剂如喹啉铜、噻嗪酮等。溃疡病发生果园，在发病初期，可同样采用上述农药防治。

（3）4—6 月金龟子和柑橘大灰象甲、叶蝉成虫发生期，可喷施 3%吡虫啉、1%联苯菊酯颗粒剂 800～1 000 倍液等低毒农药防治。3%高效氯氰菊酯缓囊悬浮剂 600～1 000 倍液。在翌年春季越冬虫害出土前地面撒施 3%辛硫磷颗粒剂、0.5%阿维菌素颗粒剂防治出土的金龟子幼虫和象鼻虫成虫。

（4）在介壳虫各代产卵后期及幼龄若虫盛发期，适时进行喷药防治。发病较轻的果园可采用挑治，发病重的果园采用全园喷药。5—7 月可采用 20%亚胺硫磷乳油 1 000 倍液、6%阿维·啶虫脒水乳剂 1 000～2 000 倍液喷雾 80%矿物油油乳剂 700 倍液，8—9 月中旬或 10 月以后介壳虫的介壳增厚，可用 10～15 倍液的松脂酸纳或 0.3～0.5 波美度石硫合剂防治。

（5）夜蛾发生盛期叶面喷 0.5%阿维菌素颗粒剂 700 倍液、25 克/升高效氟氯氰菊酯 2 000 倍液等农药进行防治。

病虫害防治时注意多采用农业防治方法，防治关键是搞好冬季清园和冬季喷药，生长期喷药根据病虫实际情况用药，慎重使用高毒农药，以免产生药害和农药残留。

（三）土壤与水肥管理

1. 深翻改土

建园后的前几年结合秋季施基肥对果园土壤进行深翻改良，熟化土壤。每年于果实采收后结合施肥全园深翻 1 次，宽度 30～40 厘米，深度 20～30 厘米，翻耕施肥后及时灌水。第 2 年继上年深翻的边缘，向外扩展深翻，至第 3 年全园深翻 1 遍。

2. 施肥

根据猕猴桃园的树体大小、土壤条件和施肥特点确定施肥量。施肥中氮、磷、钾的配合比例为 1 :（0.7～0.8）:（0.8～0.9）表 2-3。

表 2-3 施肥方法

时间	用量	方法
秋季施基肥（10-12 月）	占全部农家肥和各种化肥的 60%，以农家肥为主，配合适量的有机复合肥和微肥	结合深翻改土、环状沟施人，沟宽 30～40 厘米，深度约 40 厘米，逐年向外扩展，直至全园深翻一遍后改用撒施，将肥料均匀地撒于树冠下，浅翻 10～15 厘米
早春追施萌芽肥（2 月底至 3 月初） 初夏追施壮果肥（5 月中下旬至 6 月上旬）	以氮肥为主，占全年施肥量的 20%	①幼树在树冠投影范围内撒施；成年树，采用环状沟施肥或轮流方向施肥，挖入深度为 5～20 厘米，离树主干 100 厘米。施基肥和追肥后均应灌水 ②追施叶面肥：叶面肥全年 4～5 次，在花前、花后、果实膨大期和采果后及时进行叶面追肥。花前以补充氮元素和铁元素为主，辅以硼元素，花后以补充磷元素和钾元素为主，采前以补充钙元素为主。常用叶面肥浓度：尿素 0.3%～0.5%，磷酸二氢钾 0.2%～0.3%，硼砂 0.1%～0.5%。最后 1 次叶面肥在果实采收前 20 天进行，喷施叶面时应选在上午 10 时以前和下午 4 时以后进行，以避开中午高温

3. 灌溉

土壤湿度保持在田间最大持水量的 70%～80% 为宜，低于 65% 时应灌水，高于 90% 应排水。清晨叶片上不显潮湿时应灌水。若遇夏季高温干旱季节，气温持续在 35℃ 以上，叶片开始出现萎蔫时，立即进行灌溉；伏旱秋旱应在清晨或傍晚灌水。灌溉工作几乎贯穿从萌芽期至土壤封冻期，但在果实采收前 15～20 天左右应停止灌水。

四、采收、储存与初加工

猕猴桃果实采收早晚对产量、品质及储藏性能影响较大。一般中华猕猴桃可溶性固形物含量达 6.5% 以上、美味猕猴桃可溶性固形物含量达 6.5%～8% 就可采收。采果前 3～7 天，喷 1 次杀菌剂，即可除去果面污迹，又能减少储藏过程中果实腐烂。采收以晴天或阴天为佳。采收时，要求剪短指甲，戴手套采摘，且要轻拿轻放，采用专用采果袋采收或采果篓中垫软布，避免果实损伤。

第三节　桃树栽培技术

一、桃树基本状况简介

桃树为蔷薇科李属桃亚属多年生中型乔木，是世界性大宗水果之一。桃子受到广大人民的喜爱，其味道鲜美，营养丰富，除鲜食外，还可加工成桃罐头、桃脯、桃酱、桃汁等；其果、叶含有杏仁醋可入药，具有较高的药用价值和经济价值。

我国是桃的原产国，人工栽培历史已有 3 000 多年。桃树具有较强的适应性，在山地、平地及沙地等区域都可栽培，容易管理同时也容易获得高产；同时桃树开始结果比较早，早期的收益也较高。目前，我国是世界上桃最大的生产国，桃树的栽培面积和桃的总产量均位居世界第一。提高桃树的栽培及管理，不仅能提高桃树的结果率，同时通过科学性的管理，有利于提高桃树经济效益，带动桃树副业的经济发展。

二、产地环境选择与建设以及种植准备

1. 产地环境选择

选择年平均气温 9～16℃，花期极端最低温度 -10℃，果实膨大期极端最高温度 40℃，年降水量 800～1 000 毫米，相对湿度 40%～70%，全年日照数 1 500 小时以上，无霜期 150 天以上。

选择背风向阳，光照充足，灌溉和排水条件良好的平地或坡地（坡度≤25°，海拔≤400 米）。选择保水、透气良好、有机质含量高的壤土和沙壤土，pH 值 6.0～7.5，地下水应在离地表 1 米以下。

坡地土层厚度 60 厘米以上；平地土层厚度 1 米以上。

2. 建园

（1）挖穴或抽槽时间。秋冬季栽植需在当年 8 月中旬前完成挖穴或抽槽；第二年春季栽植可以在头年 12 月底前完成挖穴或抽槽。

（2）挖穴及抽槽与施入底肥。如果土地未平整，应先沿等高线抽槽，然后

修成宽度3米以上梯田，梯田土层厚度应在60厘米以上。详见图2-7、图2-8。

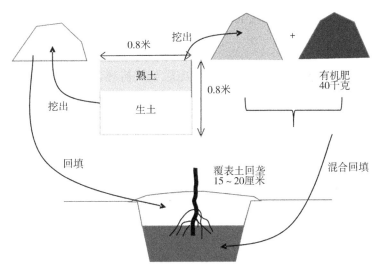

图 2-7　平地挖穴示意图

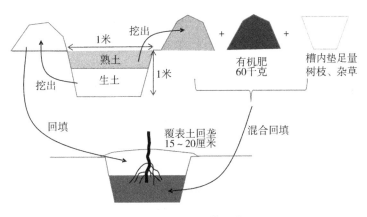

图 2-8　坡地挖槽示意图

3. 品种选择

根据水源涵养区的气候条件选择适应的桃树品种，也可以根据市场喜好选择桃树品种。同时需要考虑品种的成熟期，兼顾品种的坐果率、抗逆性等特性。

三、种植技术以及管理措施

1. 作物管理

（1）定植时间。春栽在春季土壤解冻后至桃树现蕾前（2 月下旬至 3 月上旬）；秋栽在秋季桃树落叶后地上部生长结束至小雪前（10 月下旬至 11 月中旬），无风阴天或小雨天气最好。

（2）定植密度。坡地密植，株行距 3 米×4 米或 3 米×5 米，每亩栽 55 株或 44 株。

平地稀植，株行距 3.5 米×5 米或 4 米×5 米，每亩栽 38 株或 34 株。

（3）定植方法。栽植前剪除苗木受伤根系部分，过长根保留 30 厘米，将苗木置于穴内中央，做到栽端扶正，根系舒展，边埋土边踏实，根基与表土相平。栽后灌足定根水，再铺 3～5 厘米厚表土，覆盖地膜。栽植后两年内间作豆类、瓜类或非宿根性中草药或绿肥等为宜。

2. 整形修剪

（1）休眠期修剪。在落叶后至花芽萌动前休眠期进行。以疏剪（将枝条从根部完全疏除）、短截为主（图 2-9）。剪除衰老枝、病虫枝、竞争枝、交叉枝、背上枝、背下枝等，疏剪过多的结果枝，对过长的结果枝进行适度短截（剪掉枝条 1/4～1/3），对过老弱的主、侧枝进行回缩更新。冬季修剪后清园，将剪下的枝集中烧毁，用 5 波美度石硫合剂喷树冠、树干和果园地面 1～2 次。

（2）生长期修剪。桃树花芽萌动至桃树落叶前，有抹芽、摘心、疏梢、疏花、扭梢、曲枝、拉枝等方式。

（3）修剪基本形状。桃生长势中庸，宜采取基部三主枝自然开心。定干高度 0.5～0.6 米，主枝 3 个，相互间的俯视角度为 120°，主枝分枝角度在 45°～50°，每个主枝上选留副主枝 2～3 个，间隔距离 0.6～0.7 米，要注意副主枝排列空间不能交叉重叠（图 2-10）。

（4）修剪方法。桃树生长不同时期的修剪方法见表 2-4。

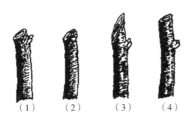

短截时剪口位置

（1）剪口的位置正确；（2）剪口距剪口芽
太近；（3）剪口距剪口芽太远、太斜；
（4）剪口距剪口芽太远、太平

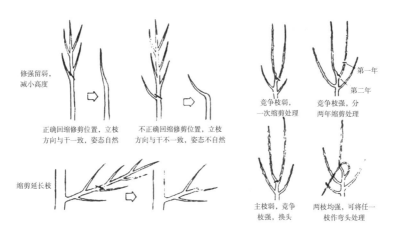

图 2-9　桃树修剪方法

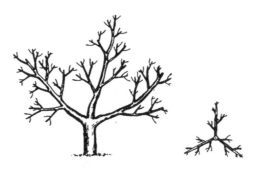

图 2-10　桃树修剪形状

表2-4　桃树修剪方法

修剪时期	主要修剪方法
幼树及初果期	幼树及初果期桃生长旺盛，重视夏季修剪。主要以整形为主，尽快扩大树冠，培养骨架，对骨干枝、延长枝适度短截，对非骨干枝轻剪长放，全力培养良好树形，提早结果，逐渐培养各类结果枝组
初果期树	调整各级骨干枝生长势要有主次之分，主要修剪方式有疏枝、短截、摘心、拉枝等
盛果期	前期保持树势平衡，培养各种类型的结果枝组。中后期要防止早衰和结果部位外移，同时重视夏季修剪。抑前促后，回缩更新，结果枝组要不断更新，培养新的枝组
衰老树更新	复壮树势，加强肥水管理，因树制宜，对老弱枝进行回缩剪截，促发较多的更新枝，充分利用新发枝恢复树冠，并培养结果枝组
旱密丰幼树	以疏除密枝为主，保证主侧枝正常发育，不断扩大分枝，培养结果组及果枝

（5）花果管理。根据树势生长状况，保花保果及疏花疏果，达到优质高效目的。一般每亩产量控制在1 250～2 000千克。

保花和疏花在花期进行，保果和疏果在谢花后幼果形成及第2次生理落果前进行，步骤为先里后外，先上后下。首先疏除畸形果、病虫果、小果、双果，其次是朝天果、无叶果枝上的果。选留部位以果枝两侧、向下生长的为好。长果枝留2～3个果，中果枝留1～2个果，短果枝留1个果。同一结果部位结2果、3果在一起的要疏除1～2个，留1个果，以便套袋。同一结果枝上的单果间距10厘米以上。

中晚熟提倡套袋保果，预防病虫为害，提高果实品质。套袋在第2次疏果后（定果后）或果实进入膨大期进行，套袋前喷1次杀菌剂和杀虫剂。果袋为专用单层白色或浅灰色袋，规格为240厘米×190厘米。报刊或杂志加工的果袋禁用。

3. 病虫草害管理

预防为主，综合防治。严格检疫，以农业防治为基础，开展物理防治、生物防治、化学防治等手段，有效控制病虫为害。

防治注重花蕾前、谢花后、幼果期和果实膨大期等4个时期。

桃树主要病害有桃缩叶病、桃细菌性穿孔病、流胶病、疮痂病、炭疽病；主要虫害有桃蚜、桃小食心虫、桑白蚧、桃潜叶蛾、桃蛀螟。

（1）农业防治。合理建园，桃园的地势，外高内低，地面平整，保证无积水能排涝；合理密植，栽植时注意行株距，保持通风透光；适时合理修剪，剪除树上过密枝，内膛枝，残留的病果、枯枝；合理施肥，增强树势，提高抗病能力；清园涂白，及时清除病果、病叶、病芽等病源物，集中烧毁或深埋，树干涂白，清除虫越冬场所，或树干缠草绑布条，种植益草，田间除草等，从而消灭传染源。

（2）物理防治。利用杀虫灯、粘虫黄板诱杀害虫；利用糖醋液或性激素诱杀桃卷叶蛾、潜叶蛾，桃蛀螟、桃小食心虫等鳞翅目害虫，每公顷糖醋液或性激素布置点不少于60个。

（3）生物防治。通过种植植物诱引天敌，如苜蓿、豆类作物诱引瓢虫、草蛉虫等天敌捕食蚜虫类；释放天敌，如释放赤眼蜂也可防治桃卷叶蛾、潜叶蛾，桃蛀螟、桃小食心虫等鳞翅目害虫；利用 50 亿 CFU/克多黏类芽孢杆菌 1 000～1 500 倍液、20%春雷霉素，水分散粒剂 2 000～3 000 倍液，防治病害；果园养殖食草食虫动物，如鸡、鸭、鹅等。

（4）化学防治。桃树的病虫害防治参见表 2-5，有条件的园地宜水肥药一体化。

表 2-5　桃病虫害化学防治方法

病虫害名称	防治方法
缩叶病	休眠季节喷洒护树将军 1 000 倍液，铲除越冬病原菌；春季桃芽开始膨大时，喷洒护树将军 1 000 倍液，或70%甲基托布津可湿性粉剂 1 000 倍液，或50%多菌灵胶悬剂 1 000 倍液 桃树生长季节的 3－6 月，展叶后至高温干旱天气到来之前，可选用甲基托布津或多菌灵
细菌性穿孔病	发芽前喷 5 波美度石硫合剂或 45%晶体石硫合剂 30 倍液或 1：1：100 倍式波尔多液；发芽后喷 40%噻唑锌悬浮剂 600～1 000 倍液
流胶病	3 月下旬至 4 月中旬，喷施 50%甲硫菌灵悬浮剂 1 000～1 500 倍液、42%戊唑·多菌灵悬浮剂 1 000～1 200 倍液等药进行防治；5 月上旬至 6 月上旬，8 月上旬至 9 月上旬的每次发病高峰期前夕，每隔 7～10 天选用 50%福美双可湿性粉剂 800 倍液、70%代森锰锌可湿性粉剂 500 倍液或 72%福美锌可湿性粉剂 800 倍液喷雾防治，交替用药，连续防治 2～3 次
疮痂病	在桃树花后脱萼期喷药。药剂可选用 40%苯醚甲环唑悬浮剂 3 200～3 600 倍液、80%代森锰锌可湿性粉剂 800 倍液等杀菌剂

表 2-5（续）

病虫害名称	防治方法
炭疽病	萌芽前喷 1∶1∶100 波尔多液，铲除病源；花前喷 1 次药；落花后每隔 10 天左右喷 1 次药，共喷 3～4 次。药剂可用 25%嘧菌酯悬浮剂 800～1 000 倍液、72%福美锌可湿性粉剂 800 倍液、50%异菌脲可湿性粉剂 1 000～1 500 倍液，药剂最好交替使用
桃蚜	萌芽前喷洒 5 波美度石硫合剂，消灭冬卵；4 月中旬、6 月上旬，25 克/升溴氰菊酯乳油 1 500～2 000 倍液、20%甲氰菊酯 1 000～1 500 倍液、10%吡虫啉可湿性粉剂 4 000～6 000 倍液、50%吡蚜酮可湿性粉剂 2 500～5 000 倍液
桃小食心虫	4—6 月，1%甲氨基阿维菌素乳油 1 670 倍液结合 2.5%高效氯氰菊酯水乳剂 1 000 倍液使用
桑白蚧	防治时期是初龄若虫爬动期或雌成虫产卵前和卵孵化盛期，使用 4%鱼藤酮乳油 800～1 000 倍液、50%毒死蜱乳油 1 500～2 500 倍液
桃潜叶蛾	成虫发生高峰第 1 和第 2 代分别在 5 月中旬、6 月上中旬，使用 1.8%阿维菌素乳油 1 000～2 000 倍液。30%哒螨·灭幼脲可湿性粉剂 1 500～2 000 倍液、5%杀蛉脲乳油 1 500 倍液、25%灭幼脲可湿性粉剂 1 000 倍液防治
桃蛀螟	在成虫发生期和产卵盛期，用 10%吡虫啉可湿性粉剂 4 000～6 000 倍液或 20%除虫脲悬浮剂 3 000～5 000 倍喷雾

4. 土壤与水肥管理

（1）除草。根据生长状况及时进行中耕除草，深度为 10～15 厘米。非间作的园（树）可结合机耕除草进行松土、扩树盘，每年中耕除草 3～4 次。间作桃园每年中耕除草 2～3 次。

（2）施肥。桃树以氮、钾为主，对磷的需求量较少。根据耕地质量与土壤养分，结合品种、树龄、树势、土壤肥力、肥料性质等多个因素综合决定，进行科学施肥。一般来说，每生产 50 千克果，需施入基肥 50～100 千克，氮 0.4 千克，磷 0.3 千克，钾 0.5 千克。

①基肥。根据树龄大小、结果情况及土壤肥力状况确定施肥量，主要以长效性的农家肥为主。一般在春秋两季进行，以秋季为好。

②追肥。基肥不足时，早春追施速效氮肥料，混施适量的磷钾肥，具体方法见表 2-6。

表 2-6　桃树不同时期追肥方法

追肥时期	施肥时间	肥料种类	追肥目的
花前期	春天土壤冻化后萌芽前1~2周	以速效氮肥为主	促进根系和新梢生长，保证开花受精良好，提高坐果率
花后期	谢花后1~2周	以速效氮肥为主	促进新梢生长和果实生长，减少落果
果实膨大期	7月	氮肥为主配合钾肥	促进果实膨大，提高质量
后期	10—11月	以磷、钾为主配合氮肥	补充树体消耗，加强秋季营养累积，提高越冬能力

③施肥方法。除图 2-11 所示的四种方法外，在允许使用的肥料范围内可以适量根外施肥。

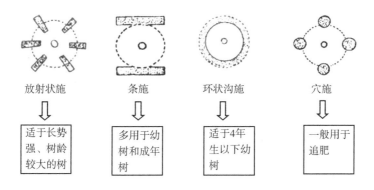

图 2-11　桃树施肥方法

（3）灌溉。根据桃树生育期及土壤状况进行灌溉。主要在开花前灌水、新梢生长和幼果膨大期灌水、果实迅速膨大期灌水、果实采收后休眠期灌水和土壤冻前灌水。桃在整个生长期内，降水量过大时注意排水，忌水淹。在冬前进行根茎培土、树干绑草或涂白越冬防寒。

四、采收、储存与初加工

适时采收，果实达到 8 月下旬至 9 月中旬成熟时开采，按成熟情况分期分批采收，先熟先采，采时戴手套，留果柄，轻拿轻放，防止机械伤害，保证果实完整，无损伤。争取带果梗采收。

储藏前应对储藏场所和用具（如储藏箱、托盘等）进行彻底的清扫（清洗）和消毒，并进行通风。选用洁净、有孔（缝）隙的塑料箱、木箱或硬质纸箱包装，每箱 10～15 千克，不超过 3 层。也可采用泡沫网套单果包装、浅果盘单层包装或分层分隔包装后再装箱。

第四节　杏树栽培技术

一、杏基本状况简介

杏，又名甜梅，为蔷薇科李亚科杏属的多年生落叶果树。我国是杏的起源中心，全世界杏属共 10 个种，我国就有其中 9 个。我国杏树栽培历史悠久，种质资源丰富，据古书记载我国至少已经有 3 500 年以上的栽培历史。

杏树具有寿命长、深根性、喜光、耐旱、耐寒、耐瘠薄、适应性强等特性，为低山丘陵地带的主要栽培果树。杏是常见水果之一，营养丰富，内含较多的糖、蛋白质以及钙、磷等矿物质，另含维生素 A、B、C 等。苦杏仁可入药，能够降气止咳平喘，润肠通便。杏木质地坚硬，是做家具的好材料；杏树枝条可作燃料；杏叶可作饲料。

杏树因其较高的营养价值和丰富的应用价值，广受人们的青睐和喜爱。通过采用科学合理的栽培技术，可以让杏树种植获得较高产量，提高杏树栽培的经济收益。

二、产地环境选择与建设以及种植准备

1. 产地环境选择

选择年平均气温 9～16℃，花期极端最低温度 -10℃，幼果期极端最高温度 38℃，年降水量 800～1 200毫米，相对湿度 40%～70%，全年日照数 1 500 小时以上，无霜期 150 天以上。

选择背风向阳，光照充足，灌溉和排水条件良好的平地或坡地（坡度 ≤25°，

海拔≤400 米）。选择保水、透气良好、有机质含量高的壤土和沙壤土，pH 值
6.0～7.5，地下水应在离地表 1 米以下。

坡地土层厚度 60 厘米以上；平地土层厚度 1 米以上。

2. 建园

（1）挖穴或抽槽时间。秋冬季栽植需在当年 8 月中旬前完成挖穴或抽槽；翌
年春季栽植可以在第一年 12 月底前完成挖穴或抽槽。

（2）挖穴或抽槽与施入底肥。如果土地未平整，应先沿等高线抽槽，然后
修成宽度 3 米以上梯田，梯田土层厚度应在 60 厘米以上（图 2-7、图 2-8）。

3. 品种选择

适宜水源涵养区的主栽品种有大麦杏、金太阳杏、早熟 1 号、早熟 2 号、玛
瑙杏等。所有品种栽植地应避开花期有霜冻和雪冻的小气候区域。早熟 1 号和早
熟 2 号宜选择在光照稍弱的小气候环境地种植，保护幼果不受日灼；玛瑙杏宜在
平地和南北向坡面种植。杏树苗木选择方法见表 2-7。

表 2-7　杏树苗木选择方法

时间	砧木选择	嫁接苗木选择	嫁接技术
1 年生	地径粗度在 0.3～0.8 厘米	苗木健壮，无病虫为害，无畸形	实生苗距地面 15 厘米左右采取芽接
2 年生	地径粗度在 1.5～2.5 厘米	苗木健壮，无病虫为害，无畸形，嫁接苗应有 3 个分枝	实生苗距地面 15～20 厘米采取枝接

三、种植技术以及管理措施

1. 作物管理

（1）定植时间。春栽在春季土壤解冻后至杏树现蕾前（2 月下旬至 3 月上
旬）；秋栽在秋季杏树落叶后地上部生长结束至小雪前（10 月下旬至 11 月中
旬），无风阴天或小雨天气最好。

（2）定植密度。坡地密植：株行距 3 米×3 米或 3 米×4 米，每亩栽 74 株或
55 株。平地稀植：株行距 3 米×4 米或 3 米×5 米，每亩栽 55 株或 44 株。

（3）定植方法。栽植前剪除苗木受伤根系部分，过长根保留 30 厘米，将苗

木置于穴内中央，做到栽端扶正，根系舒展，边埋土边踏实，根基与表土相平。栽后灌足定根水，再铺3～5厘米表土，覆盖地膜。

2. 整形修剪

（1）休眠期修剪。在落叶后至现蕾前进行。以疏剪、短截为主（图2-9）。剪除衰老枝、病虫枝、竞争枝、交叉枝、背上枝、背下枝等，疏剪过多的结果枝，对过长的结果枝进行适度短截（剪掉枝条1/4～1/3），对过老弱的主、侧枝进行回缩更新。冬季修剪后清园，将剪下的枝集中烧毁，用5波美度石硫合剂喷树冠、树干和果园地面1～2次。

（2）生长期修剪。杏树现蕾开花前至杏树落叶前，采取抹芽、摘心、疏梢、疏花、扭梢、曲枝、拉枝等方式。

（3）修剪基本形状。杏树是喜光性极强的树种，杏树树形一般采用自然开心形、疏散分层形。

①自然开心形。定干高度0.5～0.6米，主枝3个，相互间的俯视角度为120°，主枝分枝角度在45°～50°，每个主枝上选留副主枝2～3个，间隔距离60～70厘米，要注意副主枝排列空间不能交叉重叠（图2-10）。

②疏散分层形。又称主干疏层形。第1层主枝距地面20～30厘米留3～4个主侧枝，各主侧枝留15～20厘米间距，沿四周平均分布；第2层距第1层主侧枝距离60～70厘米留2～3个主侧枝，各主侧枝留20厘米间距，沿四周平均分布，各主侧枝不与下层主侧枝并生；第3层距第2层主侧枝距离50～60厘米留1～2个主侧枝（图2-12）。

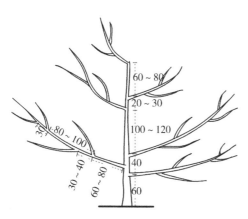

图2-12　疏散分层形（单位：厘米）

（4）修剪方法。杏树不同生育时期的修剪方法见表2-8。

表 2-8　杏树修剪方法

修剪时期	主要修剪方法
幼树及初果期	幼树及初果期桃生长旺盛，重视夏季修剪。主要以整形为主，对骨干枝、延长枝适度短截，对非骨干枝轻剪长放
初果期	调整各级骨干枝生长势要有主次之分，主要修剪方式有疏枝、短截、摘心、拉枝等
盛果期	前期保持树势平衡，培养各种类型的结果枝组。中后期要防止早衰和结果部位外移，采取回缩修剪，同时重视夏季修剪
衰老树更新	对老弱枝进行回缩剪截
旱密丰幼树	疏除密枝、瘦弱枝

（5）花果管理。根据树势生长状况，保花保果及疏花疏果，达到优质高效目的。

保花和疏花在花期进行，保果和疏果在谢花后幼果形成及第 2 次生理落果前进行。

3. 病虫害管理

预防为主，综合防治。严格检疫，以农业防治为基础，开展物理防治、生物防治、化学防治等手段，有效控制病虫为害。

防治注重花蕾前、谢花后、幼果期和果实膨大期等 4 个时期。

杏树主要病害有褐斑病、疫腐病、细菌性穿孔病、杏疔病、流胶病等；主要虫害有蚜虫、球坚蚧、杏仁蜂、黄褐天幕毛虫等。

（1）农业防治。

①合理建园，杏园的地势，外高内低，地面平整，保证无积水能排涝。

②选用对当地主要病虫抗（耐）性较强的品种，合理密植，栽植时注意行株距，保持通风透光。

③适时合理修剪，剪除树上过密枝，内堂枝，残留的病果、枯枝。

④合理施肥，增强树势，提高抗病能力。

⑤清园涂白，及时清除病果、病叶、病芽等病源物，集中烧毁或深埋，树干涂白，清除虫越冬场所，或树干缠草绑布条，种植益草，田间除草等，从而消灭传染源。

（2）物理防治。利用杀虫灯、粘虫黄板诱杀害虫；利用糖醋液或性激素诱杀杏仁蜂等膜翅目害虫，每公顷糖醋液或性激素布置点不少于 60 个。

（3）生物防治。通过种植植物诱引天敌，如苜蓿、豆类作物诱引瓢虫、草蛉虫等天敌捕食蚜虫类；释放天敌，如释放赤眼蜂也可防治杏仁蜂等膜翅目害虫；利用 50 亿 CFU/克多黏类芽孢杆菌 1 000～1 500 倍液、20%春雷霉素，水分散粒剂 2 000～3 000 倍液防治病害；果园养殖食草食虫动物，如鸡、鸭、鹅等。

（4）化学防治。杏树的病虫害防治参见表 2-9，有条件园地宜水肥药一体化。

表 2-9　杏树主要病虫害防治

名称	为害症状及习性	防治方法
褐斑病	两种症状：一种为害近熟果，初成暗褐色，稍凹陷的圆形病斑，后迅速扩大，变软腐烂，上面长有黄褐色绒状颗粒，被害果多早落，腐烂，少数挂树成僵果；另一种为害果、花及叶片，果染病生出绒状灰色颗粒，引起花腐，叶染病形成大型暗绿色水渍病斑，多雨时导致叶腐	及时清除树上树下病、僵果、集中销毁；防止果实产生伤口，及时防治病虫害，减少虫伤，防止病菌从伤口侵入；果近熟期喷 36%甲基硫菌灵悬浮剂 500 倍液或 80%硫黄水分散粒剂 500～1 000 倍液
褐腐病	果近熟期，果面出现淡褐色，日灼状边界不明显的病斑，不久蔓延全果，出现软化腐烂、病斑上生出白霉，果实脱落。高密园及设施栽培的近地面的下部枝条易感病	树盘覆盖地膜或盖草，减少土壤中的病菌借风雨溅到果实上；对下垂到近地面果枝，用支拉方法抬高；采前 20～30 天喷 75%百菌清可湿性粉剂 800 倍液 2～3 次；及时摘除病果，集中销毁
细菌性穿孔病	主要为害叶片，也侵染果实和枝梢。叶片染病初于叶背产生淡褐色水渍状小斑点，渐扩大为圆至不规则形、紫褐或黑褐色病斑，病部周围具黄绿晕圈。后期病斑干枯脱落形成穿孔，致病叶早期脱落	加强综合管理、提高树体抗性；结合冬剪清除病枝、集中烧毁；发芽前喷 5 波美度石硫合剂进行防治，发芽后用碱式硫酸铜悬浮剂或 40%噻唑锌悬浮剂 600～1 000 倍液
杏疔病	主要为害新梢叶片、也为害花、果，病梢生长缓慢、节间短粗，其上叶呈簇生状。病叶从叶柄开始变黄增厚，质硬呈革质，比正常叶厚 4～5 倍，干枯病叶挂枝越冬，不易脱落，果染病生长停滞，果面呈淡黄病斑，后干缩脱落或挂树上	秋冬结合修剪，清除病、梢、叶集中烧毁；杏展叶期喷 1～2 次 70%甲基硫菌灵可湿性粉剂 700 倍液，或 50%多菌灵可湿性粉剂 600 倍液

表 2-9（续）

名称	为害症状及习性	防治方法
流胶病	从枝干皮层内流出柔软玻璃质的树胶，开始透明，干燥时变黑褐色表面凝固，大量流胶时，树体衰弱，叶色变黄	加强综合管理，提高树体抗性；加强病虫防治，生长期尽量不创伤口；刮除胶粒后，用生石灰粉或紫药水涂抹病部
蚜虫	嫩叶、新梢受害后，叶梢皱缩，严重时影响梢生长，造成大量落花落果	用 10% 吡虫啉可湿性粉剂 2 000～3 000 倍液喷雾，人工释放食蚜蝇、瓢虫进行生物防治
球坚蚧	虫口密度大时，终生吸食杏树汁液，致使树体生长不良，严重时死树，树势产量均受影响	发芽前喷 5 波美度石硫合剂或 24.5% 阿维·柴油乳油 1 000～2 000 倍液；5 月中旬若虫孵化期喷 10% 吡虫啉可湿性粉剂 1 500～2 000 倍液、50% 毒死蜱乳油 1 500～2 500 倍液等
杏仁蜂	受害后造成大量落果或使杏仁被蛀空，严重地减少鲜杏产量	全面彻底清除园内落果及杏核，并敲落树上干杏，集中深埋；杏落花成虫羽化期喷 50% 辛硫磷乳油 1 500 倍液
黄褐天幕毛虫	幼虫食害嫩芽、新叶、叶片，并吐丝结网张幕，群居天幕上，老熟幼虫分散活动食量增大，严重时树叶被食殆尽	结合冬剪，剪去枝上越冬卵环；经常检查发现虫群天幕及时摘除消灭；大面积发生时喷施毒死蜱

4. 土壤与水肥管理

（1）除草。根据生长状况及时进行中耕除草，深度为 10～15 厘米。非间作的园（树）可结合机耕除草进行松土、扩树盘，每年中耕除草 3～4 次。间作杏园每年中耕除草 2～3 次。

（2）施肥。根据杏各生育期对养分的需求、土壤肥力状况，以及肥料的有效成分进行科学施肥，杏各年龄时期施肥量及氮磷钾比例参见表 2-10。有灌溉条件的，施肥后均应立即灌水，以增加肥效。

表 2-10　杏各年龄时期施肥量及氮磷钾比例

年龄时期	有机肥（农家）（千克/亩）	无机肥（千克/亩）	氮：磷：钾比例	备注
营养生长期	2 000 左右	80	1：0.6：0.5	基肥应占全年总施肥量的 60%～70%，追肥占 30%～40%；结果树应按每生产 1 千克果施优质农家有机肥 1～1.5 千克；微量元素按需进行追施或叶面喷施
生长结果期	3 000～4 000	100 左右	1：0.8：0.75	
盛果期	5 000 左右	150～200	1.2：1：0.8	

①施肥方法。除图 2-11 所示的 4 种方法外，在允许使用的肥料范围内可以适量根外施肥。

②基肥。根据树龄大小、结果情况及土壤肥力状况确定施肥量，主要以长效性的农家肥为主。一般在春秋两季进行，以秋季为好。基肥施用时间及方法见表 2-11。

表 2-11　杏树基肥施用

适用的时期	时间	每穴用量	施肥方法
未挂果的幼龄树	9 月下旬至 10 月	农家肥 20 千克	环状沟施
挂果后的幼树	采果后	30~40 千克	环状沟施
盛果期果树	采果后	50 千克	

③追肥。若基肥不足时，可采取花前追肥、花后追肥、果实膨大期追肥。杏树开花前期（一般在 3 月上中旬）对杏树进行 1 次追肥，每穴 1.5 千克。进入盛果期的杏树在开花后（3 月上中旬）、果实膨大期（4 月下旬至 5 月上旬），每次每穴 2.5 千克。

（3）灌溉。根据杏树生育期及土壤状况进行灌溉。主要在开花前灌水、新梢生长和幼果膨大期灌水、果实迅速膨大期灌水、果实采收后休眠期灌水和土壤冻前灌水。杏在整个生长期内，降水量过大时注意排水，忌水淹。在冬前进行根茎培土或树干绑草或涂白越冬防寒。

四、采收、储存与初加工

按品种特性、不同用途、市场需求和气候条件等决定采收时间。果实采收前 1 周，果实停止灌水，采摘应避开雨天、露（雨）水未干和高温时段。轻摘轻放，果实无裂纹、碰伤、病虫为害，保留果柄，置阴凉、干燥处。果实采收时要用干燥、清洁、无污染的箱或筐装运。在搬运途中要轻装轻运。

杏适宜冷藏温度因品种而异，储藏温度一般为 0~2℃，相对湿度 90%~95%，湿度过低时可采用地面喷水予以补偿。储藏时间依品种而异，一般为 20~30 天。

第五节 葡萄栽培技术

一、葡萄基本状况简介

葡萄不仅味美可口，而且营养价值很高。成熟的浆果中葡萄含糖量高达10%～30%，以葡萄糖为主。葡萄中的多种果酸有助于消化，适当多吃些葡萄，能健脾胃。葡萄中含有矿物质钙、钾、磷、铁以及多种维生素 B_1、维生素 B_2、维生素 B_6、维生素 C 和维生素 P 等，还含有多种人体所需的氨基酸，常食葡萄对神经衰弱、疲劳过度大有裨益。葡萄皮中的白藜芦醇、葡萄籽中的原花青素具有极高的药用价值，已经成为世界性的重要营养兼药用的商品。

葡萄作为一种富含营养和保健功能的水果，深受人们喜爱和追捧，是观光采摘的首选。葡萄适应性强、生长快、结果早、果形美、抗性强、效益好，可作为优势农产品进行发展。

丹江口水源涵养区属于典型的季风性大陆性半湿润气候，四季分明，雨量充沛，但自然降水分布不均，基本上雨热同季。葡萄在高温高湿的环境中易感真菌性病害，为害葡萄的灰霉病、炭疽病、霜霉病、白腐病、黑痘病、气灼病等病害传播快、为害重，严重影响葡萄的产量、品质和经济效益，所以在丹江口水源涵养区种植葡萄，必须进行避雨栽培。

二、建园及幼树管理

1. 园地选择

选择阳光与水源充足、通风良好、排灌便利、土质肥沃疏松、交通方便、地势较高的地块建园。葡萄对土壤的适应性较强，除了沼泽地和重盐碱地不适宜生长外，其余各类型土壤都能栽培，而以肥沃的沙壤土最为适宜，要求土壤有机质含量在1%以上，pH 值6.0～7.5。

2. 园区规划

避雨栽培以南北行向种植为宜，设计规划园区的道路、排灌系统、作业区、仓库、防风林等区域。一般根据地形地貌划分小区，小区形状一般为长方形，长边与行向一致，长度一般不超过 100 米。园区干道、支道和作业道要贯穿葡萄园和主要工作场所，保证耕作机具或机动车通行。排灌渠道一般设在道路的两侧，采用沟灌、喷灌、滴灌和渗灌等节水灌溉技术，平地果园主要用明沟与暗沟排水方式，山地葡萄园用拦洪沟、排水沟和背沟排水方式。葡萄园的防风林与当地主风向垂直，一般由 4～6 行乔、灌木构成，可以种植杨、榆、松、泡桐等乔木和花椒、紫穗槐、荆条等灌木，避免种植易招引与葡萄有共同虫害的树木。根据实际情况，建设相应的配套设施，如生活用房、仓库、积肥场等。

3. 建园技术

（1）行向。栽培葡萄园以南北行向为主。山丘岭地修筑梯田，则按照等高线设置。

（2）架式。鲜食葡萄根据需要采用篱架或者棚架。篱架通风透光好，容易支架，节省架材，方便管理，适合机械化作业，常见类型有单篱架、双篱架、宽顶单篱架（"T"形架）和双十字"V"形架。棚架架面不荫蔽，利于降低温度，加大昼夜温差，提高果实品质，减轻病害，常见类型有水平棚架、倾斜大棚架、倾斜小棚架、篱棚架（图 2-13）。小平棚架和"V"形架，实际上是"T"形架的一种。

图 2-13 不同葡萄种植架式

（3）整地。山地进行深挖定植沟栽培，平地进行起垄栽培。深挖定植沟栽培，在定植前1～2个月进行翻耕整地，施足基肥，将土和肥混合均匀，再开沟起垄，沟宽50厘米左右，深40厘米左右。平地起垄栽培，先撒施肥料，后用旋耕机进行翻耕，使土肥混匀。按行距2.0～2.5米起垄，垄高50～60厘米，宽1.0～1.5米，垄沟宽50厘米。

（4）品种选择与苗木处理。选择品种纯正，根系完整、须根较多的无病虫害脱毒苗木，留3～4个饱满芽，剪去过长根系，留15～20厘米。将苗木在清水中浸泡1天，使其充分吸收水分。苗木修剪后可用生根粉+杀菌剂浸沾根系，提高生根量和成活率。适宜本区域发展的优良品种参见表2-12。

表2-12   丹江口水源涵养区适宜种植葡萄良种

欧美杂交种品种	阳光玫瑰、早霞玫瑰、玉手指、夏黑、寒香蜜、无核4号、巨玫瑰、户太八号、甬优、申丰等
欧亚种品种	火焰无核、里扎马特、维多利亚、红宝石无核、玫瑰香、美人指、红罗莎里奥、红地球、魏可、摩尔多瓦等

（5）定植。葡萄可以春季和秋季进行定植，一般宜春季定植。按照规划的株行距，定点划线，挖定植穴，一般直径30～40厘米、深20～40厘米，将苗木根系舒展、均匀分布在定植穴内，后覆土回填，轻轻将苗木向上提一提，用脚踩实，然后浇透水。

4. 幼树管理

刚定植的幼苗注意保持土壤湿润，遵循"成活在水，壮树在肥"的原则，干旱时，要及时灌水。雨季及时排水，避免积水。苗木萌芽15～20天，新梢长出3～5片新叶，长势正常后开始追肥，一般每10～15天追肥1次，前期以氮肥为主，以促进苗木迅速生长；后期以磷钾肥为主，以利于花芽形成和促进枝条成熟，1年追施6～8次。追肥时开浅沟，随后覆土，结合灌水，保证肥水供应充足。及时抹除基部萌蘖，新梢长至20～30厘米时，根据相关树形要求，对新梢进行绑缚固定，防止被风吹折。生长季结合多次摘心、除卷须，促进枝蔓生长。

三、葡萄周年生产管理技术

1. 土肥水管理

葡萄不同时期施肥量详见表 2-13。灌水一般结合追肥进行。葡萄生长的萌芽期、花期前后、浆果膨大期和采收后 4 个时期，灌水 5～7 次。同时要注意根据当年降水量的多少而增减灌水次数。

表 2-13　葡萄周年分期施肥

施肥时期	施肥量
萌芽至开花期	营养生长期，每亩施 15～20 千克农用硝酸铵钙（硝态氮（NO_3^-）为 14%，铵态氮（NH_4^+）为 1%，钙（Ca^{2+}）为 18%，硼（B）为 0.3%；下同）；配合施用 5～10 升有机类水溶肥（含黄腐酸为 200 克/升，腐殖酸为 30 克/升；下同）。花前一周每亩施 15 千克水溶性复合肥（N∶P∶K＝18∶4∶19；其中，硝态氮（NO_3^-）为 9.0%，铵态氮（NH_4^+）为 9.0%，水溶性磷为 2.4%，含微量元素；下同）；配合施用 5～10 升有机类水溶肥
第 1 次膨大至硬核期	每亩施 5 千克平衡型水溶肥（N∶P∶K＝19∶19∶19，含微量元素，下同），辅以高磷液体水溶肥（N∶P∶K＝0∶43∶7，含微量元素；下同）0.5 升；7～10 天后，每亩施 15～20 千克农用硝酸铵钙
第 2 次膨大期	每亩施 2.5 千克平衡型＋2.5 千克高钾型（N∶P∶K＝11∶11∶35，含微量元素）水溶肥，辅以高磷液体水溶肥 0.5 升
转色期至采收期	每亩施 5 千克高钾型（N∶P∶K＝6∶4∶40，含微量元素）水溶肥，辅以高磷液体水溶肥 0.5 升
采后肥	每亩施 20～30 千克硫酸钾复合肥（N∶P∶K＝12∶11∶18，含微量元素；下同）
冬肥	每亩施用农家肥 1.5～2.5 吨或商品有机肥 0.5 吨，配以 30～40 千克硫酸钾复合肥

2. 花果管理

葡萄花果管理主要分为花序管理、果穗管理和套袋。

（1）花序管理。有核结实、无核化处理和无核品种的葡萄花穗整形技术各有差异。

有核结实花穗整形一般于花前 7 天左右进行，去除歧穗、穗肩和穗尖，留果穗中部 9～10 厘米部分。

无核化处理的花穗整形一般于花前 7 天左右和花前 3 天至开花当天进行 2 次

整穗。首先在花前 7 天左右尽早疏除歧穗和果穗肩部过大小穗；然后在花前 3 天至开花当天，留花穗顶端 4.5～5.5 厘米（单穗重 400～600 克），其余小穗全部疏除，在花穗中上部，可留 2 个小花穗，作为识别标记，在进行无核处理和膨大处理时，每处理 1 次去除 1 个小穗，避免遗漏或重复处理。

无核品种的花穗整形一般于花前 7 天左右进行。疏除歧穗和花穗基部 2～3 小穗，基部过大小穗的顶端要切除，过密小穗要部分疏除；轻掐穗尖或不掐穗尖，由穗尖向基部选留 12～14 个小花穗。

（2）果穗管理。果粒生长至似黄豆粒大小时，对生长过密的果穗进行疏果处理，疏去小粒果、畸形果、过密果。对于树势强且落花落果严重的品种，疏果时期可适当推后，果穗可稍紧些。在疏果后 1～2 周内，可再次进行定果，疏除病虫果和过密果。

（3）套袋。花后 20 天进行套袋，套袋时间应在每天的上午 10 时前、下午 4 时后，切忌雨后高温套袋。套袋前果穗采用苯醚甲环唑、烯酰吗啉、嘧霉胺等药剂处理，预防白腐病、灰霉病、霜霉病的发生。

3. 整形修剪

葡萄整形修剪，主要是为了调节生长和结果的矛盾，通过整形修剪，使枝蔓分布合理，便于管理，保证通风透光，延长寿命，提高丰产稳产。篱架主要采用多主蔓扇形和水平形，棚架主要采用龙干形。

（1）整形。多主蔓扇形树形适于篱架栽培，植株具多个主蔓，一般 2～4 个。主蔓上着生枝组和结果母枝。水平形树形分为单臂单层，双臂单层，无主干水平形。整形时，将主蔓在主干要求高度处将其拉平水平绑缚在铁丝上，新梢可以直立、倾斜、水平绑缚。

龙干形树形适于棚架栽培。主蔓长度一般在 5～8 米，逐年进行培养。先培养主干，在主干上合理配置枝组和结果枝组，每年对生长枝条通过选留新梢或健壮副梢作为结果母枝，进而培养成永久性结果部位。

（2）修剪。葡萄冬季修剪一般在葡萄落叶后 2 周到第 2 年伤流期 30 天之前。新种植的植株根据树势的情况采用不同的修剪方法。主蔓较粗时，每株留 6～8 个结果母枝，在结果母枝基部留 2 个饱满芽短截，其他副梢疏除。主蔓粗度未达到 0.8 厘米以上的树，仅保留 2 个主蔓作为结果母枝，其上的二次副梢剪除。主蔓粗度不足 0.6 厘米时，从主蔓基部剪除，由主干上的冬芽重新抽生 2 个主蔓。

葡萄成年树的冬季修剪综合运用疏剪、长中短梢修剪及回缩等措施，保持结果部位不外移，避免形成光秃带，合理负载。疏除过密枝和病残枝，一般栽培 2 年以上的成年树每株树在主干分叉处的 2 根侧蔓基部各留 4 根芽眼饱满度、枝条结实、粗度在 0.8 厘米以上的结果母枝，每根母枝留 8～12 芽修剪，并在侧蔓基部适当位置留 2～4 个更新枝并留 2 芽修剪。修剪时根据结果部位的情况，采用双枝更新或单枝更新方法更新，防止结果部位外移。

夏季修剪主要采用抹芽、摘心、扭梢、去卷须、引绑枝蔓等措施进行枝梢管理，保证果园通风透光，维持合理的叶果比平衡，使植株健壮生长。

4. 葡萄病虫害防治

葡萄病虫害防治应以预防为主，结合农业措施、物理防治、生物防治和化学防治等进行综合防治。尤其是提高葡萄栽培技术水平并逐步完善栽培管理制度，通过品种搭配、土壤管理、水肥管理、整形修剪、温湿度调控等培养健壮植株，从而提高抗逆性，减少农药和化肥的使用。葡萄病虫害周年防治历详见表 2-14。

表 2-14　葡萄病虫害周年防治历

防治关键节点	防治对象	防治方案
休眠期至发芽前	病害：黑痘病、白腐病、炭疽病 虫害：蓟马、绿盲蝽、红蜘蛛、介壳虫	70%代森联水分散粒剂 600 倍液+70%吡虫啉水分散粒剂 12 000 倍液；或 43%戊唑醇悬浮剂 3 000 倍液+20%氯虫苯甲酰胺悬浮剂 3 000 倍液；或 29%石硫合剂水剂 60 倍液进行防治
开花前	病害：黑痘病、穗轴褐枯病 虫害：蓟马、绿盲蝽	80%代森锰锌可湿性粉剂 600 倍液+60%吡唑·代森联水分散粒剂 800 倍液+40%氯虫·噻虫嗪水分散粒剂 4 000 倍液进行防治
落花后	病害：黑痘病、霜霉病、白腐病 虫害：蓟马、绿盲蝽	70%甲基硫菌灵水剂 1 000 倍液或 25%嘧菌酯 2 000 倍液+2.5%高效氯氟氰菊酯水乳剂 3 000 倍液；发现病斑喷施 43%戊唑醇悬浮剂 3 000 倍液进行治疗
幼果期	此期病害较轻，主要以预防为主	80%代森锌可湿性粉剂 600 倍液或 40%克菌·戊唑醇悬浮剂 1 200 倍液或 70%甲基硫菌灵水剂 1 000 倍液或 80%多菌灵可湿性粉剂 600 倍液进行防治

表 2-14 （续）

防治关键节点	防治对象	防治方案
葡萄套袋前	以预防为主	50%异菌脲悬浮剂 1 500 倍液+43%戊唑醇悬浮剂 5 000 倍液；或 25%嘧菌酯 2 000 倍液+70%咯菌腈水分散粒剂 3 000 倍液
葡萄套袋后	以预防为主，注意虫害	以喷施 80%波尔多液可湿性粉剂 400 倍液为主；在 5 月、6 月每次下雨后喷施一次 25%烯酰吗啉悬浮剂 1 500 倍液或 64%噁霜·锰锌可湿性粉剂 500 倍液
封穗至转色期	病害：白腐病、褐斑病、霜霉病	雨季来临前，用 64%噁霜·锰锌可湿性粉剂 500 倍液或 80%代森锌可湿性粉剂 600 倍液进行预防；褐斑病、白腐病病症初现时加入 40%克菌·戊唑醇悬浮剂 1 200 倍液进行治疗；霜霉病初显病斑时，用 25%烯酰吗啉悬浮剂 1 500 倍液或 22.5%啶氧菌酯悬浮剂 1 000 倍液进行治疗
着色增糖至成熟期	病害：白腐病、炭疽病	25%吡唑醚菌酯乳油 3 000 倍液或 40%克菌·戊唑醇悬浮剂 1 200 倍液进行防治
采果后至落叶前	病害：霜霉病、褐斑病	80%波尔多液可湿性粉剂 400 倍液或 80%代森锰锌可湿性粉剂 600 倍液进行预防
落叶后	消灭和减少病原菌	及时将落叶、病枝及僵果清出园外，集中处理；修剪后全株、架材及地面喷施 46%氢氧化铜水分散粒剂 2 000 倍液、80%波尔多液可湿性粉剂 400 倍液或 80%代森锰锌可湿性粉剂 600 倍液

四、果实采收与储藏

葡萄需根据品种贮运特性，进行合理负载控产，选择适宜的采收期进行采收，并做好采收前的病害防治。葡萄宜在晴天的早晨露水干后或阴天气温较低时进行采收，切忌在雨天或雨后，或气温较高，或灌水后采收。葡萄采收时可溶性固形物需达到 15%～19%以上，在树上进行果穗整修和分级，一次性装箱，使用单层包装箱，单果穗包装，整个过程做到"快、准、轻、稳"。其中，果穗整修须将每一穗中的青粒、小粒、病果、虫果、萎蔫果、日灼果等有缺陷的果粒祛除；分级与整修结合进行，即边整修边分级，1 次到位。葡萄采收还需提前做好库房和运输车辆的消毒和温控工作，待葡萄采收后直接运输至预冷室进行预冷，预冷时间依照地域条件和预冷方式灵活掌控。

葡萄储藏过程中，引起果穗及果粒腐烂的侵染性病害可通过田间农药控制、采前食品级保鲜剂的应用、库房消毒、葡萄储藏过程的防腐处理等4个环节进行有效控制。葡萄储藏温度一般控制在-0.5~0.5℃，进行合理码垛，保障垛内外空气可以流通，并定期对库内不同区域的葡萄储藏情况进行检测和监测。葡萄储藏期限视品种贮运特性和地理区域特点而定，通过精准调节市场，实现葡萄周年供应。

第六节 草莓栽培技术

一、草莓基本状况简介

草莓为蔷薇科草莓属多年生宿根性草本植物，园艺学上将其划归为浆果类。草莓浆果外观呈圆锥形，鲜红艳丽，酸甜多汁，芳香宜人，营养价值丰富，素有"水果皇后""冬春第一果"之美称。

草莓含有丰富的维生素C、维生素A、维生素E、维生素PP、维生素B_1、维生素B_2、胡萝卜素、鞣酸、天冬氨酸、草莓胺、果胶、纤维素、叶酸、铁、钙、鞣花酸与花青素等营养物质。研究发现，其所含的维生素C，含量比苹果、葡萄高7~10倍；而所含的苹果酸、柠檬酸、维生素B_1、维生素B_2以及胡萝卜素、钙、磷、铁的含量也比苹果、梨、葡萄高3~4倍。

草莓果实味美色佳，加之其适应性广，栽培容易，生长周期短，结果能力强，经济效益高，因而深受消费者和生产者的喜爱。近年来，水源涵养区草莓生产蓬勃发展，种植面积逐年增加，增加了种植户收入，解决当地部分劳动力就业问题，促进了配套的城郊旅游项目及农家乐等第三产业的迅速发展，对偏远山区农村贫困人口脱贫致富亦具有重要意义。

二、园区选择与建设

1. 园地选择

草莓喜光、喜肥、喜水，不耐涝。应选择光照充足、地面平坦、灌排水便利，疏松肥沃、保水保肥良好、中性或微酸性土壤的沙壤土为宜。草莓园地前茬作物以蔬菜（番茄、辣椒和马铃薯等除外）、豆类、瓜类、小麦、水稻等较好；不可连作或与茄果类和马铃薯轮作，蚜虫发生严重的地方不宜种植草莓。

2. 品种选择

选用果香味浓、果型美、色泽鲜艳、适应性强的草莓品种，适宜水源涵养区种植的品种主要有红颜、章姬、晶瑶、晶玉、甘露、公主小白、法兰地和宁丰等。

3. 整地做畦

草莓喜肥，并且在促成栽培中，植株生长期和结果期长，肥料供应必须充足。施肥原则以"基肥为主、追肥为辅"，控磷、减氮和增钾。底肥亩均施用：100千克油菜饼、400千克有机肥、30千克氮磷钾复合肥（以施用缓控缓释含微量元素的高钾复合肥为主，如挪威雅苒12-11-18复合肥）、10千克硝酸铵钙。在草莓施用底肥和做垄前，可利用太阳能或氰氨化钙进行土壤消毒。草莓垄沟及棚架模型如图2-14所示。

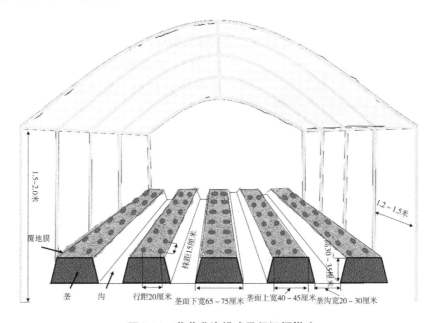

图2-14　草莓垄沟模式及保温棚搭建

三、种植技术以及管理措施

1. 定植管理

（1）定植时间。一般于9月中下旬定植为宜，避过高温天气栽苗，尽量选择阴天或早晚栽苗；如遇高温，要盖草遮阴或用遮阳网降温。

（2）定植要点。摘除老叶，疏除坏死根，浇透水带土移苗；深不埋心，浅不露根；采用三角形定植，弓背朝沟；浇足定植水，一次性浇足，尽快缓苗。

2. 扣棚前管理

（1）浇水缓苗。定植后及时浇缓苗水，发现漏栽或栽植方位不正确的要补栽和重新调整苗的方位，一般7～10天能够缓苗，缓苗后要控水，保持土壤不干即可。

（2）摘叶摘芽。及时摘除老叶、枯叶、病叶及新抽生的腋芽。

（3）适时提苗。在移栽成活20天后，施用均衡水溶肥料进行提苗，亩均用量1～2千克，进行1～2次，视具体情况而定。

（4）中耕除草。尽量不要伤根，及时锄去杂草，锄早锄小。

图2-15　草莓覆膜及破膜提苗

（5）预防病害。定植后至开花前着重预防黄萎病、根腐病、炭疽病和白粉病。

（6）覆盖地膜。在扣棚前后进行，覆盖银黑双色膜或黑色地膜。覆膜时要求边盖膜边破膜提苗（图2-15）。

3. 适时扣棚

扣棚是在外界最低气温降到8～10℃时进行，时间大约在10月底至11月初。保温过早，棚内温度高，植株徒长，不利于草莓的腋花芽分化；保温过晚，植株进入休眠，不能正常生长结果，从而影响植株的产量。扣棚前一定做好防病防虫的工作。

4. 追肥

一般追肥与灌水结合进行，注意肥料中氮、磷、钾的合理搭配，每次亩均施用高品质水溶肥 5 千克。追肥的时期分别为顶花序现蕾期、顶花序果膨大期、顶花序果采收后期、第 1 腋花序果膨大期。

5. 花果及其他管理

（1）摘叶、匍匐茎、疏花疏果。及时摘除老叶、病叶、匍匐茎，减少养分消耗。适当疏花疏果，每株留果 15～20 个，疏去果梗过短、花小和畸形果（图 2-16、图 2-17）。

图 2-16　地栽草莓疏花疏果

图 2-17　盆栽草莓疏花疏果

（2）放养蜜蜂。每棚（或亩均）1 箱，以中蜂（土蜂）为好，花前喂养白糖水，于开花前 5～6 天，置于棚中，辅助授粉，提高坐果率，减少畸形果（图 2-18）。

（3）温湿度调控。温度对草莓促成栽培成功与否是限制因子。根据草莓的生育特点，扣棚保温后的温度管理指标如表 2-15 所示。

图 2-18　放养蜜蜂辅助授粉

表 2-15　草莓不同时期温度调控要点

时期	白天	夜晚
显蕾前	白天温度保持在 24～30℃，超过 30℃要及时开棚降温	夜间保持在 15～18℃
现蕾期	白天温度保持在 25～28℃	夜间保持在 8～12℃
开花期	白天温度保持在 24～30℃	夜间保持在 8～10℃
果实膨大和成熟期	白天温度保持在 20～25℃	夜间保持在 5～10℃

湿度管理在草莓促成栽培生产中处于十分重要的地位。扣棚后，棚内的湿度比棚外的湿度大。通常湿度在一天中凌晨达最大值，随着太阳升起湿度逐渐变小，上午 12 时至下午 2 时是一天中湿度最小的时候，傍晚太阳落山后湿度又逐渐增加。当空气湿度在 40%～50%时，草莓花药的开裂率最高，花粉的发芽率也最高，若空气湿度达 80%以上，则花药的开裂率很低，花粉也无法正常散开，花粉的发芽率亦低。因此在草莓开花时期棚的湿度应控制在 40%～50%的范围内，以利于花粉散开和花粉发芽。

6. 主要病虫害防治

坚持"预防为主，综合防治"原则，优先采用农业防治、物理防治、生物防治措施，科学合理使用化学药剂防治。主要病害有炭疽病、白粉病、灰霉病、根腐病等；主要虫害有蚜虫、蓟马、红蜘蛛等。

（1）农业防治。采用高垄地膜覆盖栽培、控制密度、增施磷钾肥；采用轮作体系，进行土壤消毒；及时清除老叶、枯叶、病叶和病果，并将其销毁深埋；放风除湿结合闷棚。

（2）物理防治。采用黄板诱杀、杀虫灯诱杀、银灰膜避蚜和防虫网阻隔防范措施。

（3）生物防治。利用苦参碱、多杀霉素、乙基多杀菌素防治蚜虫；利用苏云金杆菌防治菜青虫、烟青虫等害虫；在蚜虫发生初期，田间释放瓢虫，每亩放 100 卡（每卡 20 粒卵），捕杀蚜虫。注意保护草蛉、食蚜蝇、蚜茧蜂等自然天敌。利用武夷菌素防治草莓灰霉病和白粉病。

（4）化学防治。

炭疽病：在易发病期或发病初期，用25%嘧菌酯悬浮剂 1 500倍液或25%吡唑醚菌酯乳油2 000倍液或40%克菌·戊唑醇悬浮剂1 200倍液喷雾防治，每隔7～10天防治1次，连续防治2～3次。

白粉病：在易发病期或发病初期，用25%吡唑醚菌酯乳油2 000倍液或29%吡萘·嘧菌酯悬浮剂1 500倍液或25%乙嘧酚悬浮剂1 000倍液喷雾防治，每隔7～10天防治1次，连续防治2～3次。

灰霉病：花序显露到开花前，用40%嘧霉胺悬浮剂1 200倍液或65%啶酰·腐霉利水分散粒剂800倍液或50%异菌脲悬浮剂1 500倍液喷雾防治；或用15%腐霉利烟剂傍晚时密闭大棚过夜熏蒸，每亩用量100～150g。每隔7～10天防治1次，连续防治2～3次。

根腐病：发病初期，用15%噁霉灵水剂1 000倍液灌根，每次间隔7～10天，每株灌药液100～150毫升，连续防治2次。

蚜虫、蓟马：在花前，用3%啶虫脒乳油乳油1 000～1 500倍液或40%氯虫·噻虫嗪水分散粒剂4 000倍液喷雾防治，每隔7～10天防治1次，连续防治2次。

红蜘蛛：在花前，用43%联苯肼酯悬浮剂3 000倍液或45%联苯肼酯·乙螨唑悬浮剂8 000～12 000倍液喷雾防治，每隔7～10天防治1次，连续防治2次。

四、果实采摘

在同一棵草莓结果果穗里，各个果实具有不同的成熟期，因此要进行分批采摘。草莓采摘应避免在较高温度下的中午和光照过强时采收。最适合采摘的时段，是一早一晚，天气凉爽时采摘。草莓的果皮非常薄，果肉柔嫩，因此，采摘时需要轻拿、轻摘和轻放。避免损伤花萼，保障草莓质量，进一步提高草莓的商品价值。做好果实包装工作，分级放置。

第七节　汉江樱桃栽培技术

一、汉江樱桃基本状况简介

汉江樱桃主产区地处秦巴和武当山脉之间，西临汉江最大支流堵河，北临长江最大支流汉江，海拔高度在 150～600 米，处在中国南北气候过渡带，水量丰沛，生态优美，物产丰富，汉江樱桃就是其中的"果中奇葩"。

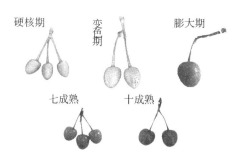

图 2-19　汉江樱桃果实发育时期变化

果实发育过程主要分为硬核期、变色期、膨大期、七成熟、十成熟（图 2-19）。果皮薄，果肉淡黄色，质地细软，风味浓郁，味甜爽口，核小，可食率 75%以上，营养价值高，深受广大消费者欢迎。但由于汉江樱桃果皮薄、果柄易脱落，果肉软，采后更易褐变腐烂，因此汉江樱桃储藏保鲜难度更高。为实现樱桃远销，增加农户收入，汉江樱桃储藏保鲜及深加工技术研究十分必要。

二、产地环境选择及栽培技术

1. 产地环境选择

选择背风向阳、光照充足、倒春寒较轻且交通便利的地方，以土层深厚、土壤肥沃、排灌方便、有机质含量高、地下水位低的沙壤土为宜。

2. 定植

定植方法包括挖穴栽植和起垄栽植（表 2-16）。多用优良的株系扦插繁殖，也可用嫁接繁殖。肥水条件好的平地，可采用"Y"形整形，按株行距 1 米×3 米 进行密植；若采用丛状形或开心形整形，可按株行距（2～3）米×（3～4）米栽植（表 2-17）。一般分为秋季和春季 2 个时期栽植。在冬季温暖的地方以秋栽成活率较高。

表 2-16　定植方法

栽植类型	适宜土地	操作方法
挖穴栽植	山地果园以及平地沙壤土地块	挖长宽各 1 米、深 60～80 厘米的定植穴。每穴将 40～50 千克腐熟农家肥与坑土混匀全部填入穴中
起垄栽植	土质黏重的平地和容易积水的低洼地要起垄栽植	起垄，垄宽 80～100 厘米，垄高 30～40 厘米，苗木定植于垄中央，栽苗后立即浇水，水渗入后覆土封穴，覆盖地膜

3. 土肥水管理

（1）基肥。3 年内的果树，每亩地混合施入腐熟农家肥 1 500～2 000 千克（或有机肥 300 千克），尿素 5 千克，过磷酸钙 40 千克。

4～5 年果树，每亩地混合施入腐熟农家肥 2 500 千克，过磷酸钙 50 千克、尿素 6 千克、硫酸钾 5 千克，硼砂和硫酸亚铁各 2 千克。

7 年生以后的盛果期树，每亩混合施入腐熟农家肥 3 000 千克（或商品有机肥 400 千克）、尿素 10 千克、过磷酸钙 50 千克、硫酸钾 5 千克，硼肥和硫酸亚铁各 3 千克。

（2）追肥。3－7 月每月施肥 1 次，每次追施以氮肥为主的复合肥 0.1～0.15 千克，第 2 年施肥量比上年增加 50%～100%。

初果期树分别于花期和采果后 10 天内各追肥 1 次。花期每亩混合施入尿素 15 千克、硫酸钾 25 千克。采果后 10 天内施入尿素 15 千克和硫酸钾 15 千克，并深锄浇水，以后控制旺长不再施肥。

盛果期树开花期每亩施尿素 11～12 千克、硫酸钾 6～8 千克。果实膨大期施尿素 12 千克、硫酸钾 8 千克。采果后，施尿素 8 千克、硫酸钾 4 千克。

（3）水分管理。适时浇水。樱桃对水分要求敏感，既不抗旱，也不耐涝，要加强水分管理。在樱桃年管理周期内，浇好花前水、硬核水、采后水、基肥水和越冬水。樱桃不耐涝，在建园和生产中，应特别注意地块的排水条件，避免涝害。

4. 整形修剪

樱桃干性不强、分枝多，多采用开心形、丛状形和"Y"形 3 种树形，详见表 2-17。

表 2-17　树形分类、特点

树形	特点
开心形	树体无中心干，主干高 30～40 厘米，3～4 个主枝，开张角度 30°～40°，每个主枝上留有 2～3 个侧枝，向外侧伸展，开张角度 70°～80°，主枝和侧枝上再培养大小不同的结果枝组，树高控制在 3 米左右，树冠呈扁圆形或圆形

表 2-17（续）

树形	特点
丛状形	无主干或主干极矮，从近地面处培养 5～6 个斜生主枝，向四周开张延伸生长，每个主枝上有 3～4 个侧枝。结果枝着生在主、侧枝上。此树形的枝干角度较开张，成形快，结果早，但树冠内部易郁闭
"Y" 形	此树形南北行向，每株两个主枝对称向行间延伸。通风透光好，成花结果容易，适宜密植，管理方便，果实质量好。整形期间需要设支撑架固定绑缚

5. 花果期管理

（1）预防霜冻。加强果园土肥水管理，增强树势；萌芽前果园灌水和树体喷水，延迟萌芽开花时间；在晚霜到来之前，堆草熏烟驱寒。

（2）花期喷肥。喷施 0.3% 尿素加 0.3% 硼砂加 600 倍磷酸二氢钾，可显著提高坐果率。

（3）疏花疏果。在花蕾期和生理落果后，疏除弱小、发育不良的花蕾及幼果，每个花束状果枝上留 4～6 个果实，提高品质。

（4）防止和减轻裂果。可架设遮雨帐篷，保持相对稳定的土壤湿度，防止和减轻裂果。果实成熟后及时采收。

6. 病虫害防治

（1）樱桃果蝇防治。双翅目昆虫，成虫体长 3～4 毫米，淡黄至黄褐色，主要为害樱桃果实，每季樱桃可发生 3～4 代，世代重叠现象明显。4 月上旬为越冬蝇蛹羽化盛期，首先为害中国樱桃（俗称小樱桃），4 月中旬至 5 月，果蝇转移为害大樱桃，雌虫用产卵器刺破樱桃果皮，将卵产在果皮下，卵孵化后，幼虫由果实表层向果心蛀食，随着幼虫蛀食，果肉逐渐变褐腐烂。一般幼虫在果实内 5～6 天便发育成老熟幼虫，然后脱离果实化蛹，幼虫脱果后约留 1 毫米蛀孔。

①农业防治。进行果园清理。在樱桃果实膨大着色至成熟期，及时清除果园内外的杂草、腐烂垃圾及落果烂果。对冬季修剪后的落叶、果枝集中深埋或者烧毁，结合秋冬季施肥，深耕土壤消灭果园地表的越冬果蝇"蛹"。

②化学防治。采用果蝇引诱剂，防治效果较糖醋液显著（图 2-20）。

（2）实蜂防治。樱桃实蜂属膜翅目叶蜂科，成虫体长 5～6 毫米，体粗壮，

图 2-20　果蝇引诱剂和糖醋液对比

背面黑色。卵长椭圆形，乳白色，透明。初孵幼虫头深褐色，体白色透明；老熟幼虫头淡褐色，体黄白色，蛹长 5 毫米左右，初为淡黄色，后变黑色，茧圆柱形。1 年发生 1 代，以老龄幼虫结茧在土下滞育，12 月开始化蛹，次年 3 月下旬樱桃始花期羽化交尾，成虫将卵产于花萼表皮下，初孵幼虫从果顶蛀入果实，取食果核、果仁及果肉，果实内留有虫粪，果实顶部过早变红，易脱落（图 2-21）。老熟幼虫咬圆形脱果孔脱落，坠落地面后入土后继续繁殖。

图 2-21　实蜂和硬核期蛀入实蜂的果实

①农业防治。重点是压低虫口基数，控制虫情蔓延。2 月上旬深翻树盘，灭杀即将出土的越冬老龄幼虫，减少越冬虫源。4 月上旬幼虫尚未脱果时，及时清

理摘除虫果深埋。

②化学防治。樱桃开花初期，喷施5%氯虫苯甲酰胺悬浮剂1 000倍液或50%辛硫磷乳油1 500倍液，防治羽化盛期的成虫。樱桃落花后，喷施1.8%阿维菌素乳油3 000倍液或2.5%高效氟氯氰菊酯乳油3 000倍液1次，防止幼虫蛀果。

三、樱桃冷藏保鲜

低温冷藏是水果储藏保鲜最常用的方法，能够抑制果实呼吸和其他生理代谢，从而有效延缓果实软化，延长储藏期。研究表明樱桃的最佳储藏温度为−1～1℃，湿度为90%～95%，储藏期达10～13天。储藏温度过低容易造成冷害或冻害，而过高容易造成养分含量下降和果实腐烂。

第三章　蔬菜作物绿色高效生产技术

第一节　莲藕栽培技术

一、莲藕基本状况简介

莲藕为莲科莲属中的多年生水生草本植物，起源于东亚、南亚和东南亚地区。藕和莲子可供食用，花粉、荷叶、莲芯可作菜肴、饮料及保健食品，藕节、莲根、莲芯、荷叶等可入药。荷花还是我国传统十大名花之一，极具观赏价值。同时，莲藕具有较高的生态功能，能够调节、净化、改善水质，增加水中溶解氧含量。在丹江口水源涵养区种植无公害莲藕，形成安全、清洁、高效的生产模式，既能保护生态环境，又能创造良好的经济、社会和生态效益，对水源涵养区农民脱贫致富、秦巴山区扶贫工程有重大价值。

二、品种选择及种植准备

1. 品种选择

选择抗病虫性和适应性强的品种，推荐品种有鄂莲 5 号、鄂莲 6 号、鄂莲 9 号等。

2. 种藕准备

种藕品种纯度不低于90%，单个种藕具有 1 个以上的顶芽（含 1 个）或 3 个以上的节（含 3 个）的藕支数不低于95%，未受病虫为害，无大的机械损伤，新鲜无萎蔫。

每亩用种量200～250 千克，芽头500～600 个。从采挖到定植不超过 10 天，临时贮存宜覆草遮阴、洒水保湿或浸泡在水中。

三、种植技术及管理措施

1. 整地

大田定植 15 天之前整地，耕翻深度 25～30 厘米。要求清除杂草，耙平泥面。定植时期为 4 月上中旬。常规栽培定植密度宜为行距 1.5～2.0 米、穴距 1.0～1.5 米。每穴排放整藕 1 支或子藕 2～4 支，定植穴在行间呈三角形排列。种藕宜按角度 10°～20°斜插入泥土，藕头入泥 5～10 厘米，藕梢翘露泥面。田块四周边行定植穴内藕头应全部朝向田块内，田内定植行分别从两边相对排放，至中间两条对行间的距离加大至 3～4 米。

2. 水肥管理

（1）基肥。中等肥力田块，每亩施充分腐熟的厩肥 3 000 千克、磷酸二铵 60 千克及复合微生物肥料 180 千克作基肥。第 1 年种植莲藕的田块，每亩宜施生石灰 50～80 千克。

（2）追肥。定植后 25～30 天进行第 1 次追肥，第 55～60 天进行第 2 次追肥，每亩每次追施腐熟粪肥 1 500 千克或磷酸二铵 10 千克，钾肥 10 千克。以采收老熟的枯荷藕为目的时，则在定植后第 75～80 天进行第 3 次追肥，每亩宜施用尿素和硫酸钾各 10 千克。

（3）水深调节。定植期至萌芽阶段水深宜为 3～5 厘米，立叶抽生至开始封行水深宜为 5～10 厘米，7－8 月水深宜为 10～20 厘米，9－10 月水深宜为 5～10 厘米。枯荷藕留地越冬时，水深 5～7 厘米。

3. 除草

定植前，应结合耕翻整地清除杂草。定植后至封行前，采用人工拔除杂草。发生水绵时，选用 5 毫克/千克硫酸铜（水体浓度）浇泼水面防治，或将水深放低至 5 厘米后浇泼波尔多液，每亩用药量为硫酸铜和生石灰各 250 克，加水 50 千克。

四、病虫害防治

坚持"预防为主，综合防治"的植保方针，优先采用农业、物理和生物防治措施，配合使用化学防治措施。

1. 农业防治

选用抗病品种和无病种苗，实行水旱轮作或与非莲藕类水生蔬菜轮作，做好田园清洁，清除田间和田边杂草。同时加强管理，增施有机肥，提高植株抵抗力。

2. 物理防治

用频振式杀虫灯、黑光灯等诱杀斜纹夜蛾成虫，用黄板诱杀蚜虫。

3. 生物防治

使用生物源农药防治病虫害，利用昆虫性信息素诱杀害虫，保护或释放天敌。

4. 化学防治

（1）腐败病防治。定植前用50%多菌灵可湿性粉剂或甲基硫菌灵可湿性粉剂800倍液加75%百菌清可湿性粉剂800倍液对种藕喷雾，随即覆盖塑料薄膜密封24小时（图3-1）。

图3-1 莲藕腐败菌（左）和莲缢管蚜（右）

（2）褐斑病防治。每亩用50%多菌灵可湿性粉剂1 200倍液喷雾，或77%氢氧化铜可湿性粉剂600倍液喷雾；也可用75%百菌清可湿性粉剂800倍液，发病初期喷雾。

（3）蚜虫防治。可用10%吡虫啉可湿性粉剂5 000倍液于蚜虫初发期进行点喷（图3-1）。

五、采收

当主藕形成 3～4 个膨大节间时开始采收青荷藕，时间为 7 月下旬至 8 月上旬；荷叶枯黄时开始采收老熟藕，可从 9 月开始采收至翌年 4 月。

第二节　阳荷栽培技术

一、阳荷基本状况简介

阳荷为姜科姜属多年生草本植物，是一种食药兼用的纯天然膳食纤维蔬菜，主要分布于四川、贵州、广西、湖北、湖南、江西及广东等海拔 600～1 500 米的地区，常以海拔 800 米左右区域居多。水源涵养区由于受到淮阳山字形构造西翼反射弧的影响，地形地貌复杂，海拔悬殊较大，立体气候明显，独特的地理条件适宜阳荷生长。阳荷属野生或半野生蔬菜食品，富含蛋白质、氨基酸、多糖、微量元素和膳食纤维素。据《本草纲目》记载，其具有活血调经、镇咳祛痰、消肿解毒、消积健胃等药用功效，尤其对治疗便秘和糖尿病有特效。随着医药大健康产业的兴起，阳荷用途也由食用逐步向药食两用方向转变，具有广阔的开发应用前景。

二、种植环境选择

选择夏季凉爽，温度在 22～25℃，年降水 1 000～1 500 毫米，云雾较多，土壤有机质含量 1.5%～2.0% 的高山区。低山区规模化种植阳荷，必须与树木或高秆作物套种或搭遮阴网棚，否则不易成功。平原区如大面积种植，在整个生长季节，应搭遮阴网棚，遮光度调至 40%～60% 为宜。

三、种植技术及管理措施

1. 阳荷的繁殖

阳荷种子发芽率低于 40%，且生长速度较缓慢，而无性繁殖生长快，故生产上多用种茎繁殖。地上部枯萎后至地下根茎萌芽前均可定植，11 月中下旬至翌年2月止。在这段时期内，早定植比迟定植好。春季萌芽时定植，生长不良，当年生长的地下茎小，生长花薹也较少。若在11月定植，翌年生长嫩芽和花薹，可收获一定的产量。采用厢式宽窄行定植，宽行60厘米，窄行30厘米，株距30厘米，每亩栽3 300蔸左右。一般每亩用种蔸100千克（图3-2）。

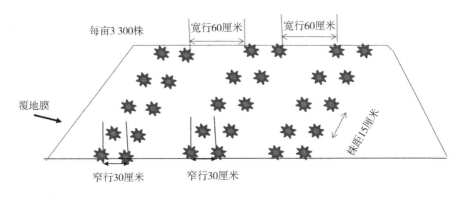

图3-2 阳荷定植示意图

2. 整地施肥

阳荷地栽前要进行耕翻，耕深25～30厘米，捡净石砾、草根、树根。根据阳荷生长需求，要重施用酵素菌处理腐熟农家肥、土杂肥或厩肥作底肥。一般每亩地施4 000～5 000千克，硫酸钾型复合肥40～60千克（或磷酸二铵30千克，尿素25千克，硫酸钾20千克）。底肥深施为佳，也可均匀撒施后深翻。山区坡地最好沿水平线开宽60～80厘米、深40～50厘米的沟槽，将底肥铺于沟槽内，然后在回填表土后移栽阳荷（图3-3）。

3. 田间管理

（1）查苗补种。在阳荷栽后，发现缺苗及时从预备苗畦或周围株蔸上分芽补齐。对种植过深因芽弱或土层板结未出苗的，需松土助芽出土。对烂种的要进行病穴生石灰处理，稍移位补种。

（2）适时排灌。在阳荷生长期当土壤过于干旱时应及时灌水，尤其是块茎膨大期应经常保持田间土壤湿润。多雨时或遇到大暴雨应及时疏通畦沟及地边沟排水，严防田内积水。

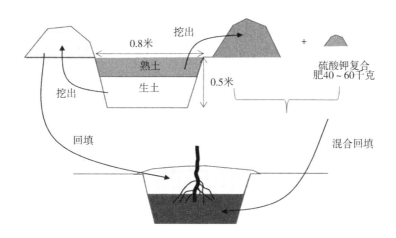

图 3-3　定植方法

（3）中耕除草。中耕除草应视田间杂草发生情况随机掌握。做到破土板结，雨后必锄；发生杂草，及早铲除；中耕深度不过 10 厘米，穿格子锄要细心，不要伤损姜根。

（4）追肥。在整个生长期，一般需要追肥 3 次，具体方法如表 3-1 所示。

表 3-1　施肥方法

时期	方法
生长期 （4 月中下旬）	当嫩芽出土 13～16 厘米高时，施人粪尿 $3×10^4$ 千克/公顷，促进地上部茎叶迅速生长
分裂期 （5 月中下旬）	叶鞘完全开展时，施尿素 450 千克/公顷
花穗期 （6 月中旬）	施尿素 300 千克/公顷，过磷酸钙 300 千克/公顷，硫酸钾 600 千克/公顷，促进多抽生花薹

（5）遮阴。阳荷耐阴，不适应强光照射，温度高于 30℃，叶片就会出现黄色，功能叶片叶绿体受阻，叶片会皱缩萎蔫。在这种情况只有遮阴才能解决，遮阴常采取的方法有：作物遮阴：多采用间作套种，如埂上栽高秆植物等；搭天棚：在姜田四周或行间，牢竖树桩，竹竿，间距 4 米，顶端系绳索。上铺芦苇席帘或秸秆，带叶树枝等；篱笆墙：在姜田行间与姜行平行，插带叶树枝，作物秸

秆等，高 50~70 厘米，间距不定；搭遮阴网等。

（6）拆棚。在入秋后，一般在头一场秋雨开始，就应将遮阴棚或遮阴物全部拆除或拔除遮阴作物。在收获期前，可去除下部的部分老叶。

（7）分蔸。阳荷姜连续采收 3~4 年后，应挖出部分种蔸适当分蔸。一方面防止因密度过大导致败蔸，另一方面可以利用挖出的种蔸扩大面积。

4. 病虫害防治

阳荷植株有特殊的气味，具有驱虫害作用，因此虫害极少。零星栽培，病菌传播机会少，病害也轻。只有少数地区发现有腐烂病为害。该病发生在夏秋高温期间，土壤潮湿，通风不良易发病。病株的地下茎腐烂，叶变黄，植株软腐，枯萎。防治方法有：搞好清沟排水，防止田间积水；发病后实行换茬、轮作种植；播种前种块用 1：1：100 的波尔多液浸种 20 分钟或 30% 氢氧化铜 800 倍液浸种 6 小时消毒，可有效防治阳荷腐烂病。

四、采收与初加工

1. 采收

阳荷的食用部分有嫩芽、花薹和地下茎，其采收时期各不相同。嫩芽在春暖后 4 月从地下茎抽生，宜在长 13~16 厘米、叶鞘未散开前采收，1 年中采收嫩芽只能 1~2 次，采收次数多，长势减弱，影响花薹的形成，花薹小而产量低。栽后当年，为了增强茎叶生长，不宜采收嫩芽。

花薹在 7 月形成，夏秋间采收。应在花蕾出现前或刚现蕾时采收。若出现花蕾后采收，则组织老化，纤维增加，不堪食用。栽后当年，抽薹少，只有少量的收获。第 2 年较多，第 3、第 4 年盛产。第 5 年后趋向衰老，产量减少，需要更新再种植。更新地可取地下茎供食。地下茎在晚秋时地上部开始枯萎后，可陆续采收供食。地下肉质茎的风味似姜，并有嫩芽和花薹同样的特殊芳香味。

2. 初加工

阳荷食用方法较多，煮、烧、炒、炖、凉拌、腌制均可。现已开发的阳荷蔬菜罐头（麻辣味、糖醋味、鱼香味、鲜味）、阳荷泡菜及阳荷汁饮料等产品销往全国各地及日本、东南亚等国家和地区，深受各地消费者的青睐。

第三节　魔芋栽培技术

一、魔芋基本状况简介

魔芋又称"蒟蒻"，为天南星科魔芋属多年生草本植物，我国为原产地之一，自然分布主要分布于秦岭以南各省山地丘陵区，是自然界中唯一能大量提供葡甘露聚糖（KGM）的经济作物。葡甘露聚糖（KGM）是一种优质的天然可溶性膳食纤维，它能阻碍人体对糖、脂、胆固醇的过量吸收，对心血管病、糖尿病、消化道病等多种疾病有预防和辅助治疗功效，被广泛应用于食品、医药、化工、石油、造纸、印染、地质、建材、农业、环保、日化、航天、航空等众多领域。在国际上被称为"保健食品"和"工业味精"，其"魔力"已逐步被世人所认识，市场前景十分广阔。

在我国，魔芋作为传统药品和食物有 2 000 多年的栽培历史。但是，魔芋作为能大量提供葡甘聚糖（KGM）的重要经济作物，直到 20 世纪 80 年代才真正引起国内专家学者的注意。经过 30 余年的发展，魔芋已经成为我国中西部山区重要的经济作物。湖北的竹溪恩施、云南的富源、四川、重庆、贵州的部分地区和陕西南部的魔芋产区，已形成了集科、农、工、商、贸于一体的产业。全国现有魔芋生产企业 300 多家，中国已成为世界魔芋生产、出口的最大国度。

近年来随着魔芋种植面积的不断扩大和种植年限的增加，魔芋病害，尤其是魔芋软腐病和白绢病等病害的发生逐年加重，导致魔芋大量减产，甚至绝收。要大力发展魔芋产业，形成标准化、规模化种植，必须要推广以魔芋病害防控为中心的栽培技术，把病害防在发生之前，把"防"贯穿在魔芋生产基地布局、地块选择、种芋处理、土壤消毒、田间管理、除草施肥、越冬储藏等每一个生产环节。

二、产地环境选择与建设以及种植准备

1. 魔芋地块选择

针对花魔芋生长环境条件，魔芋种植田块的选择，最适宜的范围是在海拔

500 米以上，15℃ 以上的有效积温大于 1 089℃ 的区域，选择有机质含量高、疏松、肥沃、酸碱度较为中性的沙壤地、棕壤地，以潮湿、阴凉的土层疏松的地块及稀疏林地、果园等为佳。地块要起好厢沟，防止积水，但是要保水有墒。避免在黄泥地、400 米以下低海拔、无遮阴、气温超过 35℃ 温度以上的环境下种植。

不同区域适宜的魔芋种植方法见表 3-2。种植地要有长远规划，不能种植马铃薯、烟叶等茄科作物，且要注意轮作换茬，尽量避免重茬。

表 3-2 不同区域适宜的魔芋种植方法

海拔	适宜种植方法
高于 1 200 米以上	以魔芋净作，不遮阴种植为主
海拔 800～1 200 米	可选择与玉米套种，玉米种植密度根据海拔高度而定，一般间隔 2 米种植 1 行玉米
低山地区	除选择适宜地块、坚持倒茬轮作外，还需要对种植环境进行改善，如与经济林套种等，要注意防太阳直射和防涝保墒等

2. 品种选择

以当地花魔芋为主，最好自留种子或在当地购种。在当地种源不足的情况下可从生态条件相近的区域引种，如四川西北、重庆北部、湖北武陵山区。在最高温度不超过 35℃ 的区域可从云南引种，并要做好遮阴、覆盖、降温、增湿等管理措施。

3. 种芋选择

应根据魔芋生产目标选用种芋。以种芋繁殖为生产目的，需选择芋鞭或者 10～50 克的小种芋；以生产商品魔芋为目的，需选择 100～250 克的种芋。选择的种芋必须具备本品种的典型性状，健壮、无病斑、无损伤、无虫口、无冻伤，且不是开花魔芋。种芋要按大小进行分级，保持同块地或者同行、同片的种芋大小基本一致。具体种芋播种规格及播种量可按表 3-3 进行。

表 3-3 魔芋播种规格及播种量

种芋重（克）	行距（厘米）	株距（厘米）	播种量（千克/亩）
<50	50	8～16	200～250

表 3-3（续）

种芋重（克）	行距（厘米）	株距（厘米）	播种量（千克/亩）
50～150	60	16～30	250～556
150～250	60	30～40	556～695
250～500	60	40～60	695～926

4. 种芋消毒

种芋携带的病原菌是魔芋病害发生流行的原因之一。实践证明魔芋种芋播前消毒，可以显著降低魔芋病害的发生。

（1）晒种。播种前选晴天，将种芋轻摊于阳光下（切忌在水泥地板上晒），利用太阳光中的紫外线达到杀菌的效果，通常晒种 5～7 天后播种。

（2）浸种或包衣。魔芋晒种后还需要进行浸种或包衣处理，可选择以下其中一种药剂配方进行浸种或包衣。75%百菌清可湿性粉剂 800 倍与 20%噻菌铜悬浮剂 400 倍混合液，浸种 30min。20%甲基立枯磷可湿性粉剂或乳油 200 倍液与 47%春雷王铜可湿粉剂 500 倍液的混合液，浸种 30min。3%中生菌素可湿性粉剂 600 倍液与 80%代森锰锌可湿性粉剂 1 000 倍液的混合液，浸种 30min。用 50：50：2 的草木灰、石灰和硫黄粉混合粉进行包衣处理。

5. 土地整理

（1）土壤翻耕培肥。在冬至以前深耕，达 30 厘米以上，清除土壤中石块、杂物，使土层疏松、肥沃、通透，以利于花魔芋生长。结合深翻每亩施腐熟的农家肥 2 000～2 500千克。

（2）土壤消毒。

①生石灰消毒处理。在魔芋播种前每亩地撒施生石灰 50～100 千克并旋耕，可杀死土壤中大部分病菌。有条件加入草木灰和硫黄粉效果更佳，比例为草木灰：石灰：硫黄粉＝50：50：2，每亩撒施消毒粉 100 千克。

②三氯异氰尿酸土壤消毒处理。尿酸是漂白粉、漂白精的更新换代产品，残留更少，杀菌效果更佳。在种植前 10 天，每亩地用 85%三氯异氰尿酸可溶粉剂 1 千克，拌细土 10 千克，均匀撒在地表上，随即旋耕或人工翻地，保持土壤湿度，即可达到杀菌消毒效果。

③威百亩熏蒸剂土壤消毒处理。在魔芋连作地，种植前 1 个月，旋耕起垄，然后在垄上开沟 20～30 厘米深，将 35%威百亩水剂兑水稀释成 80 倍液后均匀施于沟内，盖土压实后立即覆膜密闭 15 天以上，揭膜后翻耕 1 次，敞气 5 天后再播种。作为熏蒸剂，威百亩毒性显著低于溴甲烷，对环境和农产品无残留影响，在土壤中彻底降解，能够有效杀灭土壤中病菌、线虫、杂草等。

④棉隆土壤消毒处理。此方法要先对消毒土壤灌水，待能用旋耕机翻耕时，每亩撒施 98%棉隆微粒剂 25 千克后，立即用旋耕机翻耕，随后用薄膜紧密覆盖 20 天以上，揭开薄膜敞气 1 周后可播种魔芋。此方法成本较高，但对土壤中真菌、细菌、线虫、杂草种子、地下害虫均有良好的杀灭效果，有条件可两年消毒 1 次。

⑤氯化苦土壤消毒技术。在魔芋连作地块，种植前 1 个月，清除前茬魔芋的残体，旋耕深翻 20 厘米以上后，利用特制器具，将 99.5%氯化苦液剂按间隔 30 厘米、深度 15～20 厘米、用量 30～33 千克/亩的标准注入地块，注入后立即堵实穴孔。注入后马上用 0.04 毫米以上塑料膜覆盖，推荐使用原生膜，不推荐使用再生膜；覆盖周围用土压好进行密封。

土壤温度为 25～30℃时，覆膜 7～10 天；土壤温度为 15～25℃时，覆膜 10～15 天；土壤温度为 5～10℃时，覆膜 20～30 天。覆膜时间结束后，揭膜翻耕土壤（切忌雨天揭膜），使气体散掉，排气时间 4～6 天，土壤中残留药液气体排除后，即可播种。此法对土壤中的真菌、细菌、线虫、害虫等均有杀灭作用，对魔芋白绢病的防治效果显著。

三、种植技术及管理措施

1. 作物管理

（1）播种时间。适时播种。在冬季气候温和无霜冻或霜冻轻微的低海拔山地或林地可采取冬播，即在魔芋收获的当年 11－12 月播种。冬季气温较低，冰冻严重，魔芋块茎在地里容易受冻腐烂，最好进行春播。春播一般是在阳历 3 月上旬（雨水节令）至 4 月中下旬（清明节令），当气温回升到 15℃以上时播种。播种应选择晴天。

（2）播种方法。种芋播种有穴播或起垄种植方法，通常采取高垄栽培（图3-4）。平地种芋以45°斜放沟中，以免芽窝积水，并防止新芋底部皮层龟裂和腐烂；斜坡地则顶芽向上；种芋为根状茎者，顶芽顺一个方向摆放。零星种植可采取穴播，即先挖穴，按上述方法将种芋放置于穴内，最后盖土起堆。

种芋生产株行距为20厘米×20厘米，亩播种16 667株，4行为1垄，垄沟深30厘米；商品芋生产株行距为30厘米×60厘米，亩播种3 700株，2行1垄，垄沟深35厘米。种芋生产播种深度为15～20厘米；商品芋生产播种深度为25～30厘米。种肥以硫酸钾型复合肥为主，忌用含氯型复合肥，施用量为40～60千克/亩。若冬季整地深翻时未施用农家肥，播种时复合肥可与商品有机肥混合沟施、穴施，或开沟前撒施土壤中，商品有机肥用量为800～1 000千克，肥料与种芋不能直接接触。

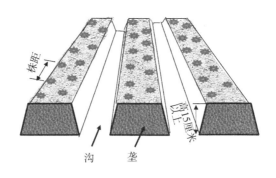

图3-4　高垄栽培示意图

2. 病虫草害管理

（1）田间除草。魔芋出土前除草、控草是关键，魔芋散叶后人工去除高出魔芋植株的旺草即可。

魔芋播种后，即用50%乙草胺乳油封杀除草；乙草胺的一般亩用药量为50～70克，兑水40～60千克，充分搅拌后均匀地喷洒在土壤表面。乙草胺使用注意事项：乙草胺主要通过杂草的幼芽和幼根吸收，因此，必须在杂草出土前施药；在喷药时，可将地面喷湿为止，不可重复施药，否则农作物已发生药害；乙草胺对黄瓜、菠菜、韭菜、小麦等农作物敏感，不宜使用；乙草胺对眼睛和皮肤有刺激作用，使用时应注意采取必要的防护措施；乙草胺有可燃性，在贮存和使用时要注意远离高温和明火。

魔芋、套种遮阴作物出土前，用草甘膦喷雾去除杂草。草甘膦是内吸传导型除草剂，在杂草生长最旺盛时用药最佳。通常兑水 200～300 倍液喷雾，如在药液中加适量柴油或洗衣粉，药液在叶面附着更好，杀草效力更强。施药 3 天内勿割草、翻地。草甘膦使用注意事项：草甘膦为灭生性除草剂，施药时应防止药雾飘移到附近作物上，以免造成药害；对多年生恶性杂草，如白茅、香附子等，在第 1 次用药后 1 个月再施 1 次药，才能达到理想防治效果；草甘膦需一段时间降解，清茬后 10 天左右再移栽作物比较安全；在晴天，高温时用药效果好，喷药后 4～6 小时内遇雨应补喷；草甘膦具有酸性，贮存与使用时应尽量用塑料容器；喷药器具要反复清洗干净。

（2）病害防治。魔芋主要病害为魔芋软腐病、白绢病、根腐病、枯萎病等。

一般在魔芋齐苗后喷施 1 次药剂。魔芋快速生长期内（6 月上中旬至 9 月中旬）若发现病害，则应每隔 7～10 天喷施 1 次药剂，连续施用 3 次以上；除植株叶面喷施外，茎秆也应喷施，病情严重的，可采用灌根施药，并及时拔除病害植株远离种植地进行集中销毁。以下药剂配方 1 次只使用其中 1 种，轮换使用。75%百菌清可湿性粉剂 500 倍液与 20%噻菌铜悬浮剂 400 倍液的混合液。20%甲基立枯磷可湿性粉剂或乳油 200 倍液与 47%春雷·王铜可湿性粉剂 500 倍液的混合液。3%中生菌素可湿性粉剂 600 倍液与 80%代森锰锌可湿性粉剂 1 000 倍液的混合液。

（3）虫害防治。魔芋主要虫害有甘薯天蛾、豆天蛾、斜纹夜蛾、铜绿金龟子等。

防治虫害时可人工捕杀幼虫或用 90%敌百虫晶体 800 倍液，或 18%杀虫双乳油 800 倍液，或高氯·甲维盐乳油 1 000 倍液，或 20%甲氰菊酯乳油 1 500 倍液喷雾杀灭幼虫。还可利用频振式杀虫灯诱杀成虫。

3. 水肥管理

（1）灌溉。魔芋喜湿润，忌涝忌旱，灌溉要根据土壤墒情、苗情、天气、田间灌溉设施而定。田间灌溉以沟灌，滴灌为主，沟中水面不得高于魔芋球茎底部。魔芋喜湿怕涝，雨季及地势低洼地块，要及早疏通排水沟，雨后及时排涝，以雨停沟干为宜。

（2）追肥。魔芋追肥用硫酸钾型复合肥。追肥时间为魔芋换头期结束后，最好选择下雨前施用，注意避开魔芋根部，用肥量为40千克/亩。同时，应防止田间操作活动对魔芋植株造成人为机械损伤。

四、收获、储存

1. 收获

魔芋收获最佳时期宜选在寒露、霜降前后，因雨天或地面潮湿时魔芋块茎由于含水量大，伤口不易愈合，因此应选择晴天土壤干燥时挖取块茎。挖收时魔芋块茎入土较深，体积大，质地较疏脆，收获时应按植株位置逐株挖收。

2. 储存

作种用或需较长时间储藏的块茎，应在地上部倒伏后一段时间、块茎充分成熟后挖收，但温度不能低于5℃。收获后将种芋晒1~2天，除净泥土，运回能通风遮雨的地方自然风干，待块茎减重15%~20%，伤口愈合时再储藏。储藏前可用75%百菌清可湿性粉剂500倍液与20%噻菌铜悬浮剂400倍液的混合液浸种芋30分钟后取出，晾晒1~2天，或50%多菌灵可湿性粉剂600倍液或用2∶1的草木灰和生石灰混合粉抛洒在种芋表面，待水分干后再储藏。不同储藏方式所需的准备工作见表3-4。

表3-4 不同储藏方式的准备工作

储藏方式	准备工作
自然越冬储藏	对于冬季不太寒冷的地方，魔芋当年可不挖收，等植株枯萎后，地面可用玉米秆、稻草、麦草或树叶全面覆盖，厚15厘米；草上还可盖泥土防寒，令其自然越冬，等第2年播种前再挖收
窖藏	选坐南朝北、温暖、干燥处挖窖，窖挖好后先用干草猛烧烘烤1遍，或撒些硫黄粉消毒，待水汽干燥，在窖底铺1层5~6厘米谷草或麦壳或干沙；每放1层魔芋上面撒1层谷壳或干沙，按此顺序装至4/5高处，窖上不加盖，以便散发湿气，室内温度8~10℃为宜

表 3-4（续）

储藏方式	准备工作
室内堆藏	将魔芋堆放在室内干燥的地面上储藏，堆放前在地面上铺 1 层干草或谷壳或草木灰，再堆 1 层种芋，加 1 层谷壳，共堆放 3～4 层；堆放时顶芽朝上，然后用 1 层干草或谷壳覆盖，室内温度 8～10℃为宜，此法适合冬季气温较高、不太寒冷的地方
室内架藏	对储藏种芋多、不宜进行室外露地越冬的地区可在室内搭架储藏。可用木料或角铁做成长 6～8 米、宽 1.0～1.2 米、高 2.0～2.5 米的储藏架，分 5～7 层，层高 30～40 厘米；相邻架子隔开一定的距离，保持室内温度 8～10℃为宜，注意开窗通风散气及增温防冻，储藏期间要经常检查，及时清除腐烂种芋
筐藏	在筐中铺 1 层干松毛或谷壳，后摆 1 层魔芋放 1 层松毛或谷壳，摆放时魔芋芽眼朝上、相互错开，装好筐后堆放在通风透气的地方，储藏室内温度 8～10℃为宜

3. 运输

长途调运种芋，要严格掌握种芋标准及营运要求，防止种芋受伤。种芋要在地上叶柄倒伏 1 周后再采收，不能有伤口；采收后晾晒至含水量降低到 15% 左右；长距离运输宜用透气的木箱、竹筐或纸箱盛装，不能用塑料袋及编织袋，箱内四周和上下可放 1 层锯末、松针或谷壳等缓冲物，上下层种芋要错开主芽，避免挤压、践踏、扔摔，轻取轻放。

第四节　大叶芥菜栽培技术

一、大叶芥菜基本状况简介

芥菜是十字花科芸薹属一二年生草本植物。芥菜包括菜用芥菜和油用芥菜两大类；菜用芥菜包括叶芥、茎芥、根芥和薹芥 4 大类。芥菜是我国绝大部分地区冬春季供应的重要蔬菜，也是我国的特产蔬菜之一，其富含胡萝卜素、钾、钙、维生素 A，叶盐腌供食用，味道鲜美，种子及全草供药用，能化痰平喘，消肿止痛，因而在我国蔬菜的周年均衡供应中占有重要地位。

二、品种选择及种植准备

1. 品种选择
选用优质、高产、抗病虫、抗逆性强、适应性广、商品性好、耐贮运、适宜加工的品种。推荐品种有三叶青菜、华芥 5 号、华容芥菜等。

种子质量应满足种子纯度≥96%、净度≥98%、发芽率≥85%、含水量≤7%等要求。

2. 育苗

（1）苗床准备。选择避雨凉棚或阴凉地块作为苗床，床土要求土层深厚、排水良好、无杂草、土壤有机质含量高、前茬非十字花科作物，深翻土地，整细耙平，按照包沟 1.2～1.4 米宽度开厢做畦，畦面宽 1.0～1.2 米，畦沟深 15～25 厘米。

于播种前 3～5 天进行床土消毒。用 50%多菌灵可湿性粉剂与 50%福美双可湿性粉剂按 1∶1 比例混合，每平方米用药 8～10 克与 4～5 千克过筛细土混合，撒种前将该药土 2/3 铺于床面，1/3 覆盖种子表面。

（2）播种期。作为秋菜采收（秋冬季采收），适宜播期为 8 月下旬至 9 月上旬；作为春菜采收（春季采收），适宜播期为 9 月下旬至 10 月上旬。

（3）播种量。根据种子大小及定植密度，每亩大田用种量 50～100 克。育苗移栽，每平方米苗床播种 5～10 克。

（4）播种方法。育苗移栽，播后覆盖 0.3～0.5 厘米厚的细土，高温期间苗床播种后覆盖遮阳网。

（5）苗床管理。播种到出苗前，苗床土温以 22～26℃为宜。出苗后，控制浇水次数。在 3～4 片真叶期，每亩宜追施 10%腐熟人粪尿液 1 000 千克或 0.2%磷酸二氢钾水溶液叶面喷施 1～2 次，每次 60 千克。于 3～4 片真叶期用 1∶1∶250 倍波尔多液喷雾 1 次，定植前 10 天加强炼苗。

三、种植技术及管理措施

在前作收获后及时翻耕炕地，清除田间和四周田埂杂草和残茬，宜于大田定植前 7～10 天整地，耕深 25～30 厘米，做畦面宽 1.4～1.5 米，沟宽 0.4 米。每亩宜施入腐熟有机肥 2 000～3 000 千克或生物有机肥 250～300 千克、复合肥 50 千克。

1. 定植

（1）定植时间。秋菜定植时间为 9 月中下旬，春菜定植时间为 10 月中下旬至 11 月上旬。

（2）定植密度。每亩栽 3 500～4 500 株，定植时护根带土移栽，并浇定根水，尽量减少根系损伤，保证根系舒展，避免扭曲、悬空。

2. 水肥管理

定植后 2～3 天内要每天浇水，以利成活。在芥菜苗成活后 7～10 天，结合抗旱，每亩追施尿素 3～5 千克；在 10 月下旬，结合中耕，每亩追施尿素 10 千克，钾肥 10 千克，力争在 11 月下旬前封行，翌年立春后，趁雨每亩追施尿素 10～15 千克，在芥菜采收前半个月，停止追施氮肥。

3. 中耕除草

缓苗后至封行前进行中耕除草，一般 2～3 次，先浅后深，结合除草进行培土。

四、病虫害防治

坚持"预防为主，综合防治"的植保方针，优先采用农业、物理和生物防治措施，配合使用化学防治措施。

1. 农业防治

选用抗病品种和无病秧苗，与非十字花科蔬菜进行轮作；做好田园清洁，清除田间和田边杂草；同时加强管理，增施有机肥，提高植株抵抗力。

2. 物理防治

用频振式诱虫灯、黑光灯等诱杀夜蛾类、小菜蛾等成虫，用黄板诱杀蚜虫等害虫。

3. 生物防治

使用生物源农药防治病虫害，利用昆虫性信息素诱杀害虫，保护或释放天敌。

4. 化学防治

病毒病：可用 20%吗胍・乙酸铜可湿性粉剂或 5%氨基寡糖素水剂 500 倍液喷雾，每周喷 1 次。

软腐病：可用 77%氢氧化铜可湿性粉剂 500～800 倍液或 3%中生菌素可湿性

粉剂 1 000 倍液喷雾，也可用 20%叶枯唑可湿性粉剂 600 倍液喷雾，每周喷 1 次。

霜霉病：可用 25%甲霜灵可湿性粉剂 1 000 倍液喷雾或 72%霜脲·锰锌可湿性粉剂1 200 倍液等喷雾，每 7～10 天喷次，共喷 2～3 次。

蚜虫：可用 1%苦参碱水剂 600 倍液喷雾或 10%吡虫啉可湿性粉剂 3 000 倍液喷雾，5～7 天喷 1 次。

斜纹夜蛾：可用 5.7%氟氯氰菊酯乳油 1 500 倍液喷雾或用 1%甲氨基阿维菌素苯甲酸盐乳油 4 000 倍液喷雾，7～10 天喷 1 次。

黄条跳甲：可用 2.5%联苯菊酯乳油或 2.5%氯氰菊酯乳油 3 000 倍液喷雾，每周喷 1 次。

五、采收

早秋播的叶用芥菜，一般在 11 下旬至 12 月上中旬采收；秋播和晚秋播的品种在翌年 2－4 月采收。

第五节 百合栽培技术

一、百合基本状况简介

百合是多年生草本植物，因其地下茎块由数十瓣鳞片相互抱合，有"百片合成"之意而得名。百合是一种有较高营养保健价值的蔬菜，有极高的食用价值。以名菜良药著称全国，我国著名植物分类学家孔宪武认为："兰州百合味极甜美，纤维很少，又毫无苦味，不但闻名全国，亦可称世界第一"。江苏宜兴（药百合）、甘肃兰州（甜百合）、江西万载（龙牙百合）为全国三大百合产地。百合在欧美各国主要作为花卉栽培，而我国栽培百合主要采收其鳞茎作为食用或药用。

成品百合即是在种鳞茎的基础上逐年生长膨大而成，故一般按鳞茎的生长发育来划分其生育期，将百合生育期划分为 7 个时期，即发芽出苗期、鳞茎失重期、鳞茎补偿期、鳞茎缓慢增重期、鳞茎迅速膨大期、鳞茎充实期、休眠期。各地因环境不同而略有差异，大体时间如表 3-5 所示。

表 3-5　百合主要生育期划分

生育期	时间	生育期	时间
发芽出苗期	3 月下旬至 4 月下旬	鳞茎失重期	4 月下旬至 5 月末
鳞茎补偿期	5 月末至 6 月下旬	缓慢增重期	6 月下旬至 7 月下旬
迅速膨大期	7 月下旬至 9 月中旬	鳞茎充实期	9 月中旬至 10 月中旬
休眠期	10 月下旬至 3 月下旬		

二、产地环境的选择与种植准备

1. 产地环境选择

百合喜凉爽，较耐寒。高温地区生长不良。喜干燥，怕水涝。土壤湿度过高则引起鳞茎腐烂死亡。对土壤要求不严，但在土层深厚、肥沃疏松的沙质壤土中，鳞茎色泽洁白、肉质较厚。黏重的土壤不宜栽培。

2. 选地整地

选择凉爽湿润、土层深厚、有机质含量高、疏松透气的沙壤土，以海拔 700～900 米，偏酸性土壤 pH 值 5.5～7.0，地坡不大于 25° 的地块建园为宜。且前茬为非百合科或葱蒜类作物。

整地前施基肥，每亩施有机肥 1 500～2 000 千克或复合肥 50～80 千克，深翻 20 厘米，喷施 50% 多菌灵可湿性粉剂 1 000 倍液；晾晒 10 天后，第 2 次深翻，深度 20 厘米，喷施 50% 多菌灵可湿性粉剂 1 000 倍液。起厢栽培，厢宽 120～130 厘米，四周开沟，沟深 25～40 厘米，沟宽 20 厘米，做成弓背型，利排水。

3. 种子选择

选取须根多，鳞茎健壮肥大、圆整，鳞片洁白、抱合紧密，大小均匀，无病虫害的种鳞茎。通常选用圆形或长圆形、独头或两头鳞茎的一级（20～30g）或二级（12～20g）种球作种。

对分好级的种球进行消毒处理，用 50% 多菌灵可湿性粉剂 600 倍液或 50% 代森锰锌可湿性粉剂 800 倍液浸泡 30 分钟。消毒后的种球阴干，装筐后在 2℃ 下储藏或直接栽植。

三、种植技术及管理措施

1. 作物管理

（1）栽种。春播、秋播均可，春播为宜。开沟条播。栽植时种球一定要扶正，种球鳞茎顶朝上。播后盖土填实，表土与厢面持平，切勿踩压，每亩使用50%乙草胺乳油进行土壤封闭，在灌溉条件不好的情况下，需覆膜栽培，45 天左右出苗后揭去地膜。百合种植密度及深度见表3-6。

表3-6　百合种植密度及深度

规格	行距 （厘米）	株距 （厘米）	种植深度 （厘米）	每亩苗数 （株）	用种量 （千克）
一级种	40	17～20	14～16	8 000～10 000	200～250
二级种	35	15～16	12～14	12 000	150～200

（2）苗期管理。定期检查百合生长情况，发现缺苗后及时补苗，匀密补稀，百合出苗后，用稻草覆盖2～3 厘米。

（3）打顶。苗高50 厘米打顶，保持植株地上高度40～45 厘米。

（4）摘蕾。第 1 年苗弱时不摘蕾，第 2、第 3 年6 月上旬，当花茎伸出 2～3 厘米时，及时摘除花蕾。由于现蕾期不一致，需多次摘蕾，摘蕾时间在晴天的上午进行。

2. 病虫草害管理

百合主要病害有立枯病、枯萎病。立枯病一般采用鳞茎消毒进行预防，发病时喷施波尔多液；枯萎病发病后用50%多菌灵可湿性粉剂 300 倍液进行药物防治。

百合主要虫害有蚜虫和蛴螬。蚜虫可用40%杀灭菊酯乳油 2 000 倍液进行防治；蛴螬可用50%辛硫磷乳油或800～1 000倍液浇灌进行灭杀。

3. 土壤与水肥管理

（1）越冬肥。每年11 月中旬，每亩施有机肥 1 500～2 000千克或复合肥50～80 千克。

（2）提苗肥。每亩施尿素 15 千克，开沟施于行间，深度 10 厘米。

（3）叶面肥。用 0.2%磷酸二氢钾溶液加 0.3%～0.5%尿素溶液叶面喷肥 2～3 次，每次间隔 7 天。

（4）灌溉。7－9 月遇高温少雨、土壤干旱，要轻灌水 1～2 次。收获前要保持土壤干燥 10～15 天。

四、采收、储存与初加工

移栽后第 2 年秋季，当茎叶枯萎时，选晴天挖取，除去茎叶，将大鳞茎做药用，小鳞茎作种栽。将大鳞茎剥离成片，按大、中、小分类，洗净泥土，沥干，然后投入水中烫煮一下，大片约 10 分钟，小片 5～7 分钟，捞出，清水中漂去黏液，摊晒竹席上，晒至全干。

百合含有多糖及低聚糖，易受潮，应存放于清洁、阴凉、干燥、通风、无异味的专用仓库中，并防回潮、防虫蛀，以温度 30℃以下，相对湿度 70%～80%环境储藏为宜。

第四章 食用菌绿色高效生产技术

第一节 代料香菇栽培技术

一、代料香菇基本状况简介

香菇，又名香蕈，隶属于真菌门担子菌纲伞菌目口蘑科香菇属。子实体较小至稍大，菌盖扁平球形至稍平展，表面浅褐色、深褐色至深肉桂色，菌肉白色，稍厚，细密，菌褶白色。主要分布于我国东南部热带、亚热带地区，北部自然分布到甘肃、陕西、西藏南部。

香菇是著名的食药兼用菌，其香味浓郁，营养丰富，含有 18 种氨基酸，7 种为人体所必需。所含麦角甾醇，可转变为维生素 D，有增强人体抗疾病和预防感冒的功效；香菇多糖有抗肿瘤作用；腺嘌呤和胆碱可预防肝硬化和血管硬化；酪氨酸氧化酶有降低血压的功效；双链核糖核酸可诱导干扰素产生，有抗病毒作用。民间将香菇用于解毒，益胃气和治风养血。

香菇的人工栽培在我国已有 800 多年的历史，长期以来栽培香菇都用"砍花法"，即自然接种的段木栽培法。香菇代料栽培，是继段木或原木栽培之后的又一种栽培方法。所谓代料香菇栽培，是指在香菇的人工栽培中，以原料来源较广的木屑、棉壳、麸皮等配比以其他原料，代替段木来培植香菇的一种技术。代料栽培技术具有原料来源广泛、生产周期短、产量高、收益大等优点，成为目前香菇栽培的主要方式。

二、产地环境选择与建设以及种植准备

1. 场地选择

生产场地宜在地势开阔平坦，背风向阳，水、电、路三通，土壤沙质，周围 3 公里内无污染源的区域。

2. 栽培模式

香菇栽培有 3 种模式，分别为春栽、秋栽和反季节栽培。不同栽培模式之间的比较见表 4-1。

表 4-1　香菇三种栽培模式比较

	接种时间	出菇时间	出菇方式	销售方式
春栽	1—3 月	8 月至翌年 4 月	大棚层架	鲜销、干销
秋栽	8—9 月	12 月至翌年 4 月	小棚层架	干销
反季节栽培	10—12 月	4 月底至 8 月	直立斜靠	鲜销

3. 菇棚搭建

春栽香菇和反季节香菇菇棚一般为上覆遮阳网的塑料薄膜大棚，东西走向，宽 3.5～8 米，高 1.8～2.5 米，金属或竹木材质，长度依据场地灵活调整，一般 25～35 米；大棚内菇架 5～7 层，层间距 25～30 厘米，架间距 0.6～1.0 米，延菇棚走向；地面支架高 25～30 厘米，间距 20～25 厘米，用木桩和竹木或铁丝搭建，4～7 排留 0.6～1.0 米操作道，延菇棚走向（图 4-1 和图 4-2）。

图 4-1　春栽、反季节香菇大棚外景

图 4-2　春栽、反季节香菇大棚内景

秋栽香菇出菇棚为小棚，每个棚可放菌袋 600 袋左右，棚宽 2.7 米、长 6 米、顶高 2.2 米，两边高 1.9 米，中间宽 0.9 米，两边层架宽各 0.9 米，两边由水泥架和竹竿构成，成拱形，薄膜遮阳覆盖。水泥架规格为宽 0.9 米，边高 1.9 米，顶高 2.2 米，共 6 层，底层离地面 33 厘米，其余层各距 25 厘米，材料由水泥、沙、细钢筋或制板用冷拉丝组成（图 4-3 和图 4-4）。

图 4-3　秋栽香菇大棚设计

图 4-4　秋栽香菇大棚建造

4. 品种选择

应通过专业机构认证授牌的正规菌种生产厂家或科研单位购置。春栽推荐 9608、春生；秋栽推荐秋香 607、久香秋 7；冬栽（反季节）推荐 L808。

优质菌种必须是没有感染任何杂菌的纯菌丝培养物；菌丝整齐、健壮、洁白；上下均匀一致，内外一致；无杂色斑、无黄水、无菌皮；菌丝具有香菇特有香味。

5. 栽培季节

根据使用菌种品种生育特性及气候特点安排生产时间。一般春栽 2 月中旬至 4 月初，秋栽 8 月中旬至 9 月中旬，反季节栽培 10 月初至 11 月底。

6. 栽培原料和配方

优质的木屑生产优质的香菇，质地坚硬的阔叶树是生产香菇的优质树种，如栓皮栎、青冈栎、板栗、麻栎、高山栎、化香、合欢等。在林业主管部门指导下采伐，选用 15 年以上原树，要间伐，枝、干一并利用。

原料加工使用专用切片机，切片机筛板孔径 10～15 毫米。新鲜树木加工的木屑最好避雨放置 1 个月以上再使用。

推荐配方：硬杂木屑 79%、麸皮 20%、石膏 1%，含水量 55%~60%。麸皮要求大片、新鲜、无霉变、无虫蛀、无异味，无掺假。石膏粉要求色泽洁白，阳光下闪光发亮，质优，纯度高，食品添加剂级别。

7. 料袋规格

春栽宜使用（17~18）厘米×（58~60）厘米×0.007 厘米，秋栽宜使用（20~22）厘米×（60~62）厘米×0.007 厘米，冬栽（反季节）宜使用（16~17）厘米×58 厘米×0.007 厘米；菌袋材质为聚乙烯香菇专用折角袋。

三、种植技术以及管理措施

1. 拌料

将原材料根据生产情况进行配比，拌料时用 2~3 目的钢筛去除木屑中的小木片、树枝、绳头、石子等异物，根据每次生产的规模将原辅料按配方称重配好，用搅拌机械或人工充分搅拌均匀。要求主料、辅料混合均匀，料、水混合均匀。

2. 装袋

使用装袋机装袋，要求松紧适度，表面平整，手按有弹性不下陷（图 4-5）。及时用封口机封口，根据需要可选套相适应的保水内膜袋，有刺孔的菌棒及时用胶带封好。

3. 灭菌

装好的菌棒及时灭菌。灭菌可根据需要选择常温灭菌（图 4-6）或者高压灭菌（图 4-7）。

图 4-5　装袋流水线装袋

常压灭菌，猛火提温，当菌棒堆中心温度达到 100℃后，保持 30~60 小时（随菌棒多少、粗细调整）。中高压灭菌，灭菌器排尽冷空气后温度达到 110℃后，保持 6~8 小时。高压灭菌，灭菌器排尽冷空气后温度达 121℃后，保持 4~6 小时。

图 4-6 常压灭菌 **图 4-7 高压灭菌**

拌料、装袋、灭菌要相互衔接、顺畅，尽量缩短拌料至灭菌之间的时间，以防培养料发酸。

4. 接种

灭完菌后，菌棒自然冷却至 60℃ 左右时，将菌棒移至接种场地（或接种箱）。菌棒温度降至 25℃ 以下，方可接种。秋栽香菇接种一般采用接种帐或接种箱接种，春栽、反季节栽培香菇接种一般采用半开放式接种。

接种前应将接种用具、菌种（表面用消毒药剂擦拭）、套袋、消毒药剂、接种服等放入接种场所（或接种箱）。接种箱、接种帐用食用菌专用气雾消毒剂（5～8 克/立方米）密闭熏蒸 45 分钟以上；半开放式接种场所用食用菌专用气雾消毒剂（6～10 克/立方米）密闭熏蒸 10 小时左右。

（1）接种帐、接种箱接种。先把菌袋、菌种、工具放入接种箱中，点燃消毒粉，封严接种箱，保证无漏气，消毒时间 30 分钟。先将菌种上的棉塞，套环及以下约 1 厘米厚的菌种用刀切掉，双手不能触摸，用接种棒在料袋上打穴，把菌种塞入穴内，注意菌种成块，塞满穴内，菌种块略高于穴口。接种后套上外袋，封好袋口。接种结束后，将料袋搬入养菌室或养菌棚，然后清理接种箱，再进行第 2 箱，方法同上（图 4-8）。

（2）开放式接种。半开放式接种场所用食用菌专用气雾消毒剂（6～10 克/立方米）密闭熏蒸 10 小时左右。半开放式接种前从背风面开一小口排尽空间残余烟雾，确保在接种空间内不形成对流空气。用医用消毒剂（一擦灵、75%酒精等）对菌棒接种面进行表面消毒，再用消毒完的接种棒在菌棒上打直径 2.5～3.0 厘米、深 2.5～3.5 厘米的孔洞，将菌种掰成楔形块，稍用力按入孔内，菌块长度比孔洞稍长，大头比孔口稍大，利用菌种封口。接种后在菌棒外套上外袋，系好袋口，接种结束后移入发菌场地（图4-9）。

图 4-8 接种帐接种

图 4-9 开放式接种

5. 发菌管理

养菌宜有专门的养菌室，养菌室提前 3 天消毒；若无养菌室，也可在遮阳和调温条件较好的大棚里养菌。使用前，地面用生石灰粉（50 千克/亩）铺撒，空间用食用菌专用气雾消毒剂（4 克/立方米）熏蒸。整个养菌阶段进行暗光培养，同时应保证菌棒堆内温度在 10～28℃（最适温度 20～25℃），空气湿度保持在50%～65%。

菌棒移入发菌场地后应根据环境温度选择合适的菌棒堆放方式。养菌环境温度低于 15℃时，菌棒并列码放成排，高 8～12 层，3～4 排紧靠成 1 组，组与组之间留 20～30 厘米的通风道；环境温度超过 15℃的菌棒采用"井"字形排放，每层 2～4 棒，层高 7～10 层；夏季层高 3～5 层，每层 2 棒，每行或每组之间通风道 10～20 厘米（图4-10）。

当接种孔之间的菌丝充分连接后，脱去外袋。根据需要可刺一次小孔。

菌袋在菌丝培养阶段翻堆 2～3 次。每次翻堆都应检查发菌情况，剔除感染杂菌的菌棒，并妥善处理。

6. 转色管理

保持养菌场所有较充足的散射光，温度控制在 20～25℃。

刺孔增氧，菌袋长满后 10～15 天开始刺孔，使用自动刺孔机刺孔 40～60 个，刺孔直径 0.4～0.5 厘米，孔深 3～5 厘米（图 4-11）。刺孔在温度低于 28℃时进行，刺孔后降低菌棒码放高度和密度，加强通风降温。刺孔后翻堆，每 15 天进行 1 次，

图 4-10 养菌

上、下、内、外菌棒调换，尽量保证菌棒表面均匀受光。菌棒表面部分菌丝变成棕褐色时，表明菌棒开始转色，菌棒表面95%以上变为棕褐色视为转色完成（图4-12）。

图 4-11 刺孔

图 4-12 转色

7. 越夏管理

春栽菌棒夏季不出菇，要经过越夏管理，越夏管理的重点为温度控制，尽量将环境温度控制在30℃以内。较大的厂房、菇棚、地下室、人防洞等都可作为越夏场地。一般采用"井"字形或三角形码放，高3～5层，每层2～3棒。每垛之间相距10～20厘米，每行之间相距20～35厘米。

码放时用小刀等剔掉老菌种块，剔掉的老菌种块及时清离场地。

层架出菇的可以直接将菌棒间距10厘米左右排放于层架下3～4层越夏。

注意对分泌积累黄水过多的菌棒进行及时处理，割破积黄水处菌袋，排干

黄水。

8. 出菇管理

菌棒转色（越夏）结束，气温达到所使用品种出菇温度范围，部分菌棒表面有少量原基出现时，进入出菇管理。

反季节栽培菌棒采用地面支架斜靠式出菇，春秋栽菌棒采用层架式出菇。

（1）地面支架斜靠式出菇。菌棒脱袋后呈"人"字形将菌棒交错靠放于支架上，菌棒相距 10～15 厘米。保持充足的散射光；温度控制在 12～25℃；脱袋后每天早晚喷水 1 次，保持空气湿度 85%～90%；加强通风，保持场地空气新鲜（图 4-13）。

图 4-13　地面支架斜靠式出菇

图 4-14　层架式出菇

（2）层架式出菇。将已转色好的菌棒脱去外部菌袋平放于层架上，菌棒之间相距 10 厘米左右。对越夏期间失水严重的菌棒进行适量补水。菌棒排放后每天早晚喷水 1 次，保持空气湿度在 85%～90%，采收前停止喷水；温度保持在 10～22℃；保持棚内有较强的散射光和空气流通。以干菇和花菇为主的菌棒，在香菇菌盖达 3 厘米后停止喷水，并加强通风和育花。菌棒出菇 1～2 茬后失水严重，要及时补水。补水要在香菇全部采收后经过 7～15 天菌丝休养再进行。采用专门的补水器补水（或泡水），根据菌棒失水程度和菇棚保湿性决定补水量，一般补至出菇前菌棒重量的 80%～90%（图 4-14）。

四、采收、储存与初加工

当菇体长至七成熟（菌盖边缘内卷，菌膜刚破裂）时即可采收，根据市场及客户要求也可提前采收。采收时，用食指和拇指捏住菌柄下部轻轻旋转拧下，放于洁净的塑料筐里。采大留小，动作轻巧，不要弄伤幼小菇蕾和折断菌棒。及时清除干枯、萎缩的菇蕾和残留的菌柄。

鲜销的及时上市或入4℃冻库储藏。

烘干的菇体，用不锈钢剪刀沿菌盖处减掉菌柄，剪口要平整。烘干总的原则为分级烘干，单层摆放，温度由低到高，缓慢升温。采用温控设备的，起始温度35℃，每小时升温2～3℃，末期65℃；风扇初期全开，中期渐小，末期关闭。采用一般设备的，尽量做到温度由低到高，缓慢升温。烘干要一气呵成，中间不能停顿，否则菇体易变色变形。

第二节　代料黑木耳栽培技术

一、代料黑木耳基本状况简介

黑木耳，又名黑菜、木耳、云耳，隶属于担子菌门伞菌纲木耳科木耳属，为我国珍贵的药食兼用胶质真菌，也是世界上公认的保健食品。中国是最早应用和栽培黑木耳的国家，也是黑木耳的主要产出和输出国。目前，黑木耳在我国的东北、华北、中南、西南及沿海各省份均有种植。

黑木耳滑嫩可口、滋味鲜美、营养丰富，享有"素中之肉""素食之王"的美称。研究显示，每100克鲜木耳中含有蛋白质10.6克，脂肪0.2克，碳水化合物65.5克，纤维素7克，还含有硫胺素、核黄素、烟酸、胡萝卜素、钙、磷、铁等多种维生素及矿物质。其中，尤以铁的含量最为丰富，每100克鲜木耳中含铁185毫克，比芹菜高出20多倍，比猪肝高近7倍，被誉为食品中的"含铁冠军"。此外，黑木耳还具有降血脂、抗血栓、抗衰老、抗肿瘤等功效。无论是直接食用还是作为食品配方用料，黑木耳都是一种较为理想的保健食品资源。

黑木耳传统上为段木栽培，20 世纪 80 年代后期成功开展代料栽培后，代料栽培成为黑木耳的主要栽培方式。代料黑木耳栽培具有成本低、周期短、效益高三大优势，该项目技术的推广应用是农业增效，农民增收的一项重大举措。

二、产地环境选择与建设以及种植准备

1. 场地选择

生产场地应选择地势开阔平坦，背风向阳，水、电、路三通，土壤沙质，地势高、排灌便利，周围 3 千米内无污染源。

2. 品种选择

选用通过审定（认定）的品种。菌种供种期与该品种的适栽期相一致。一般选择抗逆性强、产量高、商品性较好的品种。推荐品种有黑木耳 H10、916、陕耳 1 号、冀杂 10 号、黑山系列等。

3. 栽培季节

根据所预定菌种品种的生育期及当地气候特点安排生产时间，春季栽培 1—2 月制袋，4 月中旬催芽，5—7 月出耳；秋季栽培 7—8 月制袋，9 月催芽，年内采 1~2 茬，翌年 3—5 月再采 1~2 茬。

4. 栽培原料和配方

栽培代料黑木耳的主要原料为木屑、麸皮和石膏，也可加入适量玉米粉。原料木屑所用树种需不含芳香类树脂的阔叶乔，灌木的干、枝，如栓皮栎、青冈栎、板栗、枫树、化香、夜合欢等。用切片机切片，切片机筛板孔径 5~10 毫米。新鲜树木加工的木屑最好避雨放置 1 个月以上再使用。

推荐配方：一是木屑 79%、麸皮 20%、石膏粉 1%，含水量 55%~60%。二是木屑 84%、麸皮 10%、玉米粉 5%、石膏粉 1%，含水量 55%~60%。

5. 菌袋规格

生产代料黑木耳应选用 17 厘米×33 厘米，厚 0.045~0.060 厘米聚乙烯折角袋。

三、种植技术以及管理措施

1. 拌料

图4-15 拌料

用2～3目的钢筛去除木屑中的小木片、树枝、绳头、石子等异物，根据每次生产的规模将原辅料按配方称重配好，加足水分，用搅拌机械或人工充分搅拌均匀（图4-15）。

2. 装袋

培养料拌匀后及时用专用装袋机装袋，装好料后将袋口稍拧紧塞入中心孔内，插入带帽塑料接种棒（2.5～18厘米），使袋口反折压入接种孔，平均每袋装干料0.5千克。发现菌袋表面有刺孔的及时用透明胶带粘好（图4-16、图4-17）。

图4-16 装袋

图4-17 装好的菌袋

3. 灭菌

装好的菌袋及时进行灭菌，以常压灭菌为主，将灭菌器内冷空气排除后，要求菌袋堆中心温度达100℃后保持15小时以上。灭菌停火后闷10小时左右，趁热将菌袋搬运至接种箱或接种帐内。

4. 接种

待菌袋温度降到28℃以下时，将菌种、接种用具放入接种箱或塑料接种帐，用食用菌专用气雾消毒剂（4～8克/立方米）熏45分钟以上。

按照无菌操作，将菌种表面的菌皮、耳芽剔除，尽量将接种块掏成与接种孔大小相近的团粒状。取出菌袋中的接种棒，将菌种放入接种孔至其高度的1/2～2/3，塞好消毒棉塞，菌种与棉塞要保持1厘米以上的间距（图4-18）。

5. 养菌

将接完种的菌袋及时移入养菌场所，菌袋单层立式排放培养架上。养菌最好有专门的养菌室，养菌室提前3天消毒，地面、培养架用生石灰粉铺撒，空间用气雾剂（4～8克/立方米）熏蒸。养菌第1周控温26～28℃促使菌种块快速定殖萌动；当菌丝开始蔓延吃料后控温24～26℃为宜；后期菌丝穿透至料面，控温20～22℃；所有菌袋菌丝长满时，10℃以下保藏。整个养菌期保证菌袋暗光培养，适

图4-18　接种

时做好通风换气，保持室内空气新鲜，同时做好清杂处理。

6. 刺孔

菌丝长满后经过15～30天后熟即可进行刺孔。

选择晴好无风的天气集中到环境洁净的场地刺孔。用0.1%高锰酸钾溶液或0.1%的来苏尔溶液对菌袋表面擦洗。用刺孔机（刺孔机用消毒液擦洗）在菌袋周身刺孔，形状为圆形（直径4毫米）或"I"（2毫米×6毫米）字形，孔间距1.8～2.5厘米，深0.5厘米（图4-19）。每袋孔数90～120个（图4-20）。

图4-19　刺孔机刺孔

图4-20　刺完孔的菌袋

7. 催芽

催芽是黑木耳栽培中的重要环节，可采用专用场地或大田进行催芽。

（1）专用场地催芽。场地要求干净卫生、水泥地面、阳光充足、开阔通风。菌袋刺孔后去掉棉塞，倒立放于地面，排放成行，行宽2米，行间距60厘米，菌袋间距3厘米左右，表面用农膜、草帘覆盖（图4-21）。催芽时温度控制在18～23℃。前1周内为菌丝恢复期，以保温为主，适量通风，菌丝封口后，向草帘喷水，保持空间湿度在80%～85%，加强通风换气。

（2）大田催芽。直接将刺孔的菌袋去掉棉塞，倒立放于出耳大田的畦床上，畦面铺地膜或编织袋，菌袋间距3厘米，上盖农膜，膜上盖草帘，温度控制在16～24℃，持续高温时，揭除农膜，只盖草帘。前6～9天以保温为主，中午可适当揭膜通风，菌丝封口后，保持空间湿度85%左右，通过喷雾状水和揭膜调节，每天早晚适量通风，耳芽出齐后，除去草帘，让耳芽炼苗2～3天，加强通风和湿度控制（图4-22）。

图4-21　催芽

图4-22　催芽成功的菌袋

8. 畦床准备

出耳大田提前深翻晾晒，根据场地情况开挖排水沟渠，并做好除草除虫防鼠工作。畦床宽1.5～2.0米，间距50厘米，高15～20厘米，长度不限，畦面打碎压实整平，适量浇水至地面湿润。均匀撒上石灰消毒，盖上地膜或编织袋。

9. 出耳管理

将催好芽的菌袋倒立排放于畦面上，间距 10 厘米左右，稍用力按压，使菌袋平稳立于畦面。

出耳管理以水分管理为主，通过间歇喷雾进行"间干间湿、干湿交替"管理，并根据天气状况灵活控制（图 4-23）。

喷水原则为看温度给水，看木耳定量，少喷，勤喷。喷水时每 30 分钟喷 1 次，1 次 10 分钟，以耳片展开湿透为准。喷水时温度应在 15～25℃。气温低时白天喷，气温高时早晚喷，夏天时夜间喷水，连续 2～3 天。木耳生长缓慢时，应停止喷水，晒 2～3 天以后再喷水，这样反复 3～4 次耳片即达到采收标准（图 4-24）。

图 4-23　黑木耳喷水

图 4-24　即将采收的黑木耳

四、采收、储存与初加工

当耳片长到直径约 5～10 厘米、边缘稍内卷时即可采收。采收应选择晴天进行，提前停止喷水 1～2 天。采大留小，不留残耳和耳根。采收后及时放于晾架上晒干，密封包装，低温储藏。

第三节　袋栽平菇栽培技术

一、袋栽平菇基本状况简介

平菇，也称侧耳、糙皮侧耳、蚝菇、黑牡丹菇，隶属于担子菌门伞菌目侧耳科侧耳属。平菇性味甘、温，所含的蛋白多糖对癌细胞有抑制作用、能增强机体免疫功能，是种相当常见的灰色食用菇。

平菇是我国栽培面积最大的食用菌，目前我国平菇的栽培量居世界第一位。平菇栽培历史悠久，20世纪30年代就有利用木屑进行人工栽培及利用棉籽壳进行生料栽培技术的研究，为平菇栽培产业的快速发展奠定了基础。20世纪80年代，利用塑料袋生料栽培平菇技术的成熟和完善，推动了平菇生产在全国各地的迅猛发展。20世纪90年代，平菇生产进入稳步发展时期，其产品成为大宗蔬菜品种之一，市场消费量巨大。近年来，平菇生产又获得了长足发展，生产原料被广泛开发利用，生产工艺不断改进创新，栽培技术日益成熟。

袋栽平菇栽培技术简单，生产成本低、生产周期短，投资少、见效快，产量高、效益高。发展平菇产业，对充分利用农林副产品资源、调整农业产业结构、转移农村剩余劳动力、发展农村经济、增加农民收入均具有重要意义。

二、产地环境选择与建设以及种植准备

1. 场地选择

图 4-25　出菇棚场景

要求地势开阔平坦，背风向阳，水、电、路三通，土壤沙质，周围3公里内无工矿企业污染源和养殖场及其他产生"三废"和污染源的场所。

菇棚东西走向，宽3.5～5.5米，高1.8～2.5米，长度依据场地灵活调整，一般25～35米，金属或竹木材质。上覆与菇棚拱架相适的大棚专用农膜和遮阳网或保温被等（图4-25）。

2. 品种选择

应通过专业机构认证授牌的正规菌种生产厂家或科研单位购置平菇原种或二级种。

3. 栽培季节

由于平菇适应性强，品种丰富，可周年生产。最佳季节为春季 3－4 月，秋季 9－10 月。要注意市场需求和茬口衔接。

4. 栽培原料和配方选择

（1）栽培原料。制作菌袋的原材料和各种辅料应新鲜无霉变。常用原料有棉籽壳、玉米芯、麸皮、黄豆秸、花生秸、木屑等。玉米芯、秸秆类要粉碎成 0.5～1 厘米颗粒或小段，木屑要求不含芳香类树脂，大小 0.5～1.5 厘米。

（2）栽培配方。

①棉籽壳 97%～98%、石膏 1%～2%、生石灰 1%，（干）料水比 1∶1～1.2，pH 值 7～8。

②棉籽壳 92%～93%、麸皮 5%、石膏 1%～2%、生石灰 1%，（干）料水比 1∶1～1.2，pH 值 7～8。

③玉米芯 87%～88%、麸皮 10%、石膏 1%～2%、生石灰 1%，（干）料水比 1∶1～1.2，pH 值 7～8。

④棉籽壳 52%～53%、秸秆或玉米芯或木屑 40%、麸皮 5%、石膏 1%～2%、生石灰 1%，（干）料水比 1∶（1～1.2），pH 值 7～8。

5. 菌袋规格

菌袋材质为聚乙烯，折径 22～26 厘米，长度 50～58 厘米，厚 0.001 5～0.002 0厘米。

6. 套环规格

采用海绵双套环，直径 2.5～4.5 厘米，高 2～2.5 厘米。

三、种植技术以及管理措施

1. 拌料

根据每次生产的规模将原辅料按配方称重配好，加足水分，用搅拌机械或人工充分搅拌均匀（图 4-26）。

2. 装袋

人工或者装袋机装袋，装料要均匀，松紧适度，装好的料袋表面平整，手按

图 4-26　拌料

有弹性不下陷。料袋装好后套上套环，盖上顶盖（图 4-27 和图 4-28）。一般每袋装干料1.2～1.5 千克。

3. 灭菌

培养料要当天拌料，当天装袋，当天灭菌。灭菌一般采用常压灭菌，将装好的菌袋码放在灭菌灶内。前期旺火催温，当菌袋堆中心温度达 100℃后，稳火保温 10 小时以上，停火后闷 9 小时左右。当菌袋温度降至 70℃时，趁热搬运至已消过毒的接种室。

图 4-27　人工装袋

图 4-28　机械装袋

4. 接种

当菌袋温度降至 28℃以下时，将菌种、接种勺（或镊子）、口罩、一次性鞋帽手套、衣物、酒精灯、消毒药剂、接种台、小凳和其他接种用具放至接种室。使用食用菌专用气雾消毒剂消毒，按每立方米 4～6 克，盛放于瓷质器物内点燃，保持密封 30 分钟以上。接种人员进入接种室后，及时换衣鞋，戴上口罩、帽子、手套等，用 75%酒精或其他消毒药剂进行手部消毒。每次需接种人员 2～4 名。接种时 2 人 1 组，1 人取、放菌袋和揭、盖套环顶盖，另 1 人掰、放菌种，菌种尽量掰成 1.5 厘米大小的颗粒，散布于菌袋两端。接种过程中要严格遵从无菌操作，接种人员配合协调，动作轻快，尽量缩短接种时间（图 4-29）。

5. 发菌管理

养菌最好有专门的养菌室，养菌室提前 3 天消毒；若无养菌室，也可在遮阳和调温条件较好的大棚里养菌，使用前，地面用生石灰粉（50 千克/亩）铺撒，空间用食用菌专用气雾消毒剂（4～6 克/立方米）熏蒸（图 4-30）。

图 4-29　接种

图 4-30　养菌

培养环境温度保持在 15～25℃。当菌袋内部温度达 28℃时，及时降低菌袋堆放高度，加大通风，以控制菌袋的温度在 28℃以下。空气湿度保持在 50%～65%，通过通风和地面洒水调节。菌丝吃料之前不通风，菌丝生长期，每天通风 2～3 次，每次 30 分钟。养菌期间尽量保持较弱的散射光，最好暗光培养。一般 10～15 天翻 1 次堆，翻堆时上、下菌袋调换，结合气温高低增减菌袋堆放高度，冬季生产时可适当延长翻堆周期。勤检查，勤清理，对轻度污染的菌袋单独散放，污染严重的要及时清除和销毁。

冬季温度较低时生产，菌袋堆码排与排之间不留空隙，堆码高度 8 层左右，以利用堆温促使菌丝生长。其他季节菌袋一般单排码放，空间温度低于 20℃时，码放高度 5～8 层，排与排之间相距 30～40 厘米；温度接近 25℃时，高度降至 3～5 层；高于 25℃时，1～2 层。

6. 出菇管理

当所有菌丝长满菌袋，见光面菌丝开始扭结加厚时，即可排袋出菇。出菇可采用单排摆放或者覆土方式。

（1）单排摆放。菌袋单排摆放，高5～8层，排与排之间留50～60厘米的过道，便于通风和人员操作（图4-31）。棚内温度一般保持在10～25℃（中高温品种20～30℃）。调节温度主要通过遮阳覆盖物增减，揭膜通风，喷淋水雾等措施。菌袋排放后，去掉双层套环，及时喷水，保持空气湿度85%～95%，调整大棚覆盖物，增加棚内散射光，适当加大昼夜温差。5～7天即可出菇。气温低时，每天通风2～3次，每次30分钟左右，气温超过28℃时，及时加大覆盖物密度，掀起大棚背风面离地面1米的塑料通风降温。

（2）覆土方式。在场地和劳动力宽裕时可采用覆土方式出菇（图4-32）。在棚内修整出宽1.5米左右，半个菌袋深，长度适度的畦面，将出过1～2茬菇的菌袋脱去外膜，紧挨着竖放于畦内，用原畦面挖出的土覆于袋面，菌袋缝隙处尽量填满填实，菌袋顶部露出少许。覆土后浇大水1～2次，使覆土层充分吸足水分，及时填充浇水冲露的缝隙。覆土后保持土面湿润，8～10天就可出菇。

图4-31　单排出菇

图4-32　覆土出菇

四、采收、储存

当菇体长至八成熟，菌盖充分展开，颜色由深变浅时即可采收。采收时整朵采下，用手捏住菇体旋转拧下，或用小刀割下，不可拔取，以免带下培养料。每次采收后，清理残留的菌柄、死菇、老化菌皮等。保持70%～80%的空气湿度，以免菌袋失水过多。8～15 天后进入下一茬管理。

当菌袋出 1～2 茬菇，失水严重时及时补水。补水要在全部采收后经过 7～10 天菌丝休养再进行。采用专门的补水器补水，根据菌袋失水和菇棚保湿性决定补水量，一般补至出菇前菌袋重量的 80%～90%（图 4-33 和图 4-34）。

采收后及时销售，也可短时间 4℃储藏（3～5 天）。

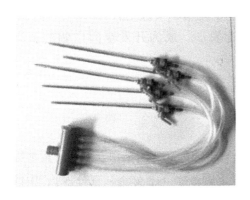

图 4-33 补水针

图 4-34 补水

第四节　羊肚菌栽培技术

一、羊肚菌基本状况简介

羊肚菌，又称羊肚菜，属于子囊菌亚门盘菌纲盘菌目羊肚菌科羊肚菌属，是世界上珍贵的稀有食用菌之一。羊肚菌菌盖呈现出不规则的圆形，或者是长圆形，长 4～16 厘米，宽 4～6 厘米，表面上布有许多凹坑，似羊肚，整体颜色是淡黄褐色，菌柄白色。羊肚菌在我国分布极为广泛，但每个地区的羊肚菌种类资源丰富度不同，而且还有很大差异，其中以甘肃和四川地区的羊肚菌种类资源相对较为丰富。

羊肚菌香味独特，高蛋白、低热量，营养价值高，含有 7 种人体必需氨基酸和 8 种维生素；从羊肚菌子实体中分离到了具有抗氧化、抗病毒、抗肿瘤、抗凝血、抗辐射等功能的活性成分；中医认为，羊肚菌具有化痰理气、补肾、壮阳、护肝、补脑、提神的功效。由于羊肚菌丰富的营养成分和重要的药用价值，人们称它为"天然、营养、多功能"的健康食品。

21世纪以前，羊肚菌主要来源于野外采集，受环境变化的影响，产量极不稳定，产品供不应求。2012年左右，羊肚菌人工大田商业化栽培在四川获得成功，随后羊肚菌人工栽培迅速扩展到全国各地，2017年全国羊肚菌栽培面积约7万亩。随着羊肚菌市场的不断升级和羊肚菌栽培技术的发展以及农业结构的调整，羊肚菌栽培在水源涵养区快速发展，成为开发空间广阔的新兴产业。

二、产地环境选择与建设以及种植准备

1. 场地选择

白杨树林、泡桐树林或果树林作为林下种植的菌床，水稻田、旱田、荒地等也可。所选地块要求坐北朝南，背风向阳，土质疏松（七分土，三分沙），中性或微碱性土壤，用水方便。

2. 品种选择

经试栽成功，适合本地气候、土质的品种。菌种供种期与该品种的适栽期一致。

3. 栽培季节

每年的10月中旬至11月下旬，当环境温度低于20℃的时候，开始进行播种操作；翌年3月，开春温度回升到4～8℃时，开始催菇处理，地温6～16℃是最佳出菇季节。

4. 栽培原料和配方

（1）栽培原料。栽培羊肚菌的主要原料为麦粒、谷壳、麦麸、杂木屑、石膏粉、生石灰等。所有原材料应新鲜无霉变。

（2）推荐配方。栽培袋：麦粒48%、谷壳20%、麸皮18%、杂木屑10%、石膏粉1%、生石灰1%、腐殖土2%，含水量55%～60%。外源营养袋配方：麦粒35%、谷壳30%、杂木屑21%、腐殖土10%、石膏2%、石灰2%，含水率55%～60%。

5. 菌袋规格

栽培袋规格为 15 厘米×30 厘米×0.045 厘米，外源营养袋规格为（12～18）厘米×(25～30) 厘米×0.045 厘米的聚乙烯或聚丙烯菌种袋。

三、种植技术以及管理措施

1. 整畦

为了尽量减少病虫害的发生，提高产量，栽培土地要深耕暴晒约 7 天，每亩地撒施 50～75 千克生石灰或 100～200 千克草木灰，起到杀灭土壤中杂菌、害虫和调节酸碱度的作用。用旋耕机将地块耕耙平，有利于透气供氧（图 4-35）。大田处理后即可进行整厢。沿着沥水的方向起厢，一般厢宽 60～120 厘米、长度可长可短，最好在 10 米以内，有助两端通氧，每畦之间要有排水沟，四周的排水沟一定要低于畦沟（图 4-36）。

图 4-35 整地

图 4-36 起厢

2. 播种

10 月下旬至 11 月上旬为播种最佳时期；播种方式可采用穴播或条播；每亩地用种量 200～250 千克；播种后用黑色地膜覆盖菌床，然后打孔透气，孔径 1.5 厘米，打孔间距 20 厘米×20 厘米，再用搭建荫棚用的遮阳网平铺其上，可以保温保湿及防晒（图 4-37 和图 4-38）。

图 4-37　播种

图 4-38　平铺遮阳网

3. 外源营养袋技术

图 4-39　放置营养袋

该技术是指在羊肚菌播种 7～15 天后，当菌床上长满白色的像霜一样的分生孢子时，利用"外源营养袋"进行营养物的补充。营养袋上划开 1 个 8～10 厘米的口子，让这个口子直接与菌床土壤上分生孢子接触，并且要紧贴土壤，每 30～90 厘米摆放 1 个补充袋，10 天左右肉眼可见菌丝进入补充袋。外源营养袋麦粒的营养被羊肚菌菌丝耗尽，菌袋由饱满变瘪以后，即可移开外源营养袋。若外源营养袋中无杂菌污染也可不撤离（图 4-39）。

4. 菌丝培养

播种后，菌种定植、发菌的适宜环境温度为 20～22℃，空气湿度控制在 75%～80% 为宜，在整个菌丝生长过程中，水分管理做到雨后及时排水，干旱时及时补水。保持地表面的土壤不发白，使土壤湿度保持在 30%～40%。

5. 出菇管理

羊肚菌喜低温、喜湿润，初春时节应格外注意温湿光的管理，当空气温度达到 3～5℃，应撤去菌床上的地膜，随后及时用白色塑料薄膜搭建 35～60 厘米高的小棚，以防大风、大雨及连阴雨造成土壤湿度过大，致使菌丝窒息死亡。当春季气温回升到

6～10℃时，可将塑料膜和遮阳网全部覆盖。进行第 1 次水分管理，用水量 5 千克/平方米。保持空气湿度 85%～95%，土壤水分为 65%～75%，增加散射光照射，加大昼夜温差（最好大于 10℃），进行催菇处理，刺激出菇（图 4-40）。在出菇期间若遇连续阴雨，应及时覆盖避雨塑料膜，但棚门不能关闭，保持良好的通风。若雨后天晴，应及时掀开塑料膜，加强通风。若遇到春旱，则需及时补水（图 4-41）。

图 4-40　开始出菇

图 4-41　出菇场景

四、采收、储存与初加工

当羊肚菌的子囊果不再增大，菌盖脊与凹坑棱廓分明，重量为整个生产过程中最重的阶段，肉质厚实，有弹性，有浓郁的羊肚菌香味时应及时采收。

采收标准为早期菇采摘菇帽以 5～7 厘米为宜，中期菇采摘菇帽以 4～5 厘米为宜，尾期菇采摘菇帽以 4～4.5 厘米为宜。1 次采收完毕后，再将遗留在土壤里的菌柄地下部分挖出。

晒干或烘干，使其含水量为 13% 左右。烘干最好用电烘烤箱，注意控制烘烤温度，开始 40℃，然后慢慢升高，最高不要超过 60℃。

第五节　农业下脚料高效生产食用菌栽培技术

一、概述

水源涵养区主栽的食用菌品种为香菇、木耳、杏鲍菇、平菇等，其栽培原料主要为木屑、棉籽壳、玉米芯等。随着近年来国内食用菌产业的快速发展，来自原材料的压力越来越大：一方面，发展香菇、黑木耳等以木屑为主要原材料的品种，需要消耗相应的林木资源，而天然林资源保护工程的实施在一定程度上造成了木材原材料的短缺；另一方面，随着平菇等非木屑类品种规模的扩大，棉籽壳、玉米芯的原材料货俏价扬，生产成本不断上扬。这些因素严重制约了水源涵养区食用菌产业的进一步发展。针对食用菌产业发展中阔叶树木屑等栽培原料资源紧缺，急需研究速生灌木、药用植物残渣、菌草或林果枝丫材等作为食用菌栽培原料的关键技术，开发新型栽培原料处理技术，进行培养料配方优化，建立与新型栽培基质配套的优质高产轻简化栽培技术，为水源涵养区食用菌产业绿色高效可持续发展提供技术保障。

二、烟秆在反季节香菇栽培上的应用

近几年来，水源涵养区代料香菇发展迅猛。由于香菇自身的生理特性以及人们的栽培习惯，目前仍以木屑为主要栽培原料，对当地的林木资源造成一定的压力。随着现代烟草农业的发展，水源涵养区烟草的种植规模越来越大，产生大量烟秆，这些烟秆不易烧，不易沤，成为烟农头痛的问题。烟秆营养含量高，据测定，烟秆中含氮1.44%，磷1.69%，钾1.85%，烟秆中还含有丰富的纤维素、木质素、果胶等，利用烟秆栽培香菇既能满足食用菌生长要求，降低生产成本，减少对林木的消耗，又解决了废弃烟秆阻塞渠道、妨碍交通、传播病菌、污染水土等问题，具有较好的社会、经济和环境效益（图4-42）。

1. 栽培原料

选用含木质素高，质地坚硬的阔叶树，以不含芳香类树脂的阔叶乔、灌木的干、枝为主。原料木屑加工需用切片机切片，切片机筛板孔径10～15毫米。新鲜树木加工的木屑最好避雨放置1个月以上再使用。原料烟秆按栽培配方比例与木屑原料木材一起粉碎（图4-43）。

2. 栽培配方

木屑51%～71%、烟秆10%～30%、麸皮18%、石膏1%，含水量50%～55%（图4-44）。

图 4-42 烟秆收集

图 4-43 烟秆粉碎

3. 生产过程及管理

同常规香菇栽培一样。

三、桑枝在春栽香菇（秋冬菇）栽培上的应用

近年来水源涵养区抢抓"东桑西移"工程实施机遇，大力发展桑蚕特色产业。桑树枝条是蚕桑生产中的主要副产物，一般多用做燃料，其利用价值极低。桑枝含粗蛋白质 5.44%、纤维素 51.85%、木质素 18.18%、半纤维素 23.02%、灰分 1.57%，同时，桑枝中富含有钾、钙、镁等 16 种矿物质元素。其所含化学成分种类较多，主要有多糖、黄酮类化合物、香豆精类化合物、生物碱，此外

图 4-44 烟秆菌袋

还含有挥发油、氨基酸、有机酸及各种维生素等。桑枝韧皮部约占 27%、木质部约占 72%、髓心部约占 1%，碳氮比（C∶N）为 66∶2，适合各种木腐型食用菌的生长，是生产食用菌较为理想的原料之一。因此将桑枝粉碎后加上其他辅料作为培育香菇的原料，可提高桑园副产物的综合利用价值，减少自然林木的消耗，保护生态环境，降低香菇生产成本，提高效益（图 4-45）。

1. 栽培原料

选用含木质素高，质地坚硬的阔叶树，以不含芳香类树脂的阔叶乔、灌木的干、枝为主。原料木屑加工需用切片机切片，切片机筛板孔径 10～15 毫米。新鲜树木加工的木屑最好避雨放置一个月以上再使用。

将剪伐后的桑树枝条成分干燥后按栽培配方比例与木屑原料木材一起粉碎（图 4-46）。

图 4-45　桑枝

图 4-46　桑枝屑

2. 栽培配方

木屑 54%～64%、桑枝 15%～25%、麸皮 20%、石膏 1%，含水量 55%～60%（图 4-47）。

3. 生产过程及管理

同常规香菇栽培一样。

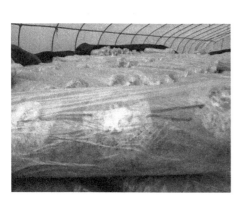

图 4-47　桑枝菌袋

四、虎杖渣在工厂化杏鲍菇栽培上的应用

虎杖是一种重要的中药材，具有清热利湿、活血定痛、通便解毒、止咳化痰的作用。人工种植虎杖具有很高的经济效益，水源涵养区是虎杖的主要产区之一。虎杖渣为虎杖生产、加工中的废弃物，粗细适中，保水能力强。在工厂化杏

鲍菇生产中添加部分虎杖渣，将虎杖渣变废为宝，减少其对环境的污染和资源的浪费，降低了杏鲍菇原料成本，同时提高了经济效益（图4-48）。

1. 栽培原料

木屑提前堆置发酵15天以上；根据生产季节提前将玉米芯预湿备用；确保虎杖渣、玉米粉、麸皮、豆粕新鲜无霉变。

2. 栽培配方

虎杖渣10%、木屑15%、玉米芯40%、麸皮20%、玉米粉8%、豆粕5%、石灰1%、石膏1%，含水量60%～65%（图4-49）。

图4-48 虎杖渣

3. 杏鲍菇工厂化栽培

采用规格17厘米×33厘米×0.005厘米的聚丙烯袋装料，培养料通过自动拌料流水线混合拌匀，含水量在60%～65%，pH值6.5～7.5。冲压式装袋机装袋，用15～20厘米长的接种棒打孔，袋口用塑料套环封口。高压灭菌，126℃保持4小时。灭菌结束待温度降到80℃以下，移入冷却室冷却。当菌袋内温达到25℃以下，进行接种，使用液体菌种进行接菌，接种人员应穿无菌服并佩戴头套、口罩、手套，严格按无菌操作。接种后置于阴凉、干燥、清洁通风的培养室养菌，菌丝长满袋通常需要30～40天。菌丝长满袋后，即可上架出菇。

将菌包横排放于专用网格架上，第2天，将封口的盖子拿下，再将套环取下，同时清除袋口老化菌皮，并将袋口保持原状。开袋后，用加湿器等方式增加湿度，菇房的空气湿度应控制在85%～95%；用日光灯增加光照，刺激子实体形成，光照强度200～500勒克斯，光照时长6～10小时/天，临近疏蕾时停止光照。一般13天左右开始疏蕾，保留1～2朵健壮的菇蕾向袋口伸长，用无菌刀具去除多余的菇蕾。疏蕾后继续培养几天，待杏鲍菇子实体菌盖平展，孢子尚未弹射，菌柄长度15～20厘米时可以进行采收。采收时剪掉菌柄基部的杂质，拣出伤、残、病菇，根据市场需要分拣后称重并归类堆放，移动时应小心轻放（图4-50）。

图 4-49　虎杖渣菌袋

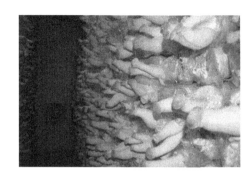

图 4-50　利用虎杖渣栽培杏鲍菇出菇场景

4. 栽培时注意事项

菌包进入培养室的第 1 天温度控制在 11～12℃，菌包开袋到疏蕾前温度控制在 15～17℃，之后每两天下调 1℃，直到采收结束；菇房的空气湿度应控制在 85%～95%，可以向空间喷雾增湿或向地面洒水加湿；每天应根据菇的生长情况通风 4～10 次，每次 5～10 分钟。根据菌盖大小控制通风次数，菇盖较小多通风，菇盖较大少通风；整个栽培过程禁用任何农药。

5. 病虫害防治

以防为主、综合防治，优先采用农业防治、物理防治、生物防治，配合科学、合理地使用化学防治，达到生产安全、优质的无公害杏鲍菇的目的。杏鲍菇的主要病虫害是细菌、木霉及菇蝇。通常低温时虫害不易发生。加强通风和进行温度调控可预防虫害的发生。发生细菌、木霉污染，要及时把污染菌袋移出培养室深埋，栽培结束后及时对培养室进行消毒灭菌防止再次污染；对菇蝇可利用电光灯、粘虫板进行诱杀。

第五章　药用植物绿色高效生产技术

第一节　天麻栽培技术

一、天麻基本状况简介

天麻，又名赤箭、定风草、水洋芋等，基原植物为兰科天麻属与密环菌特殊共生的多年生草本植物，属国家三级保护物种。天麻是一种名贵的中药材，指其干燥鳞茎或块茎，性甘、平，归肝经，中医认为其主要功效有熄风止痉，平抑肝阳，祛风通络。现代药理学研究显示天麻素具有增加中央及外周动脉血管顺应性，降低外周血管阻力，增加心脑血管血流量，产生温和降压作用，而且对心肌细胞、脑组织均有保护作用，同时具有镇静、催眠、镇痛、增强免疫力等作用；在临床上广泛用于治疗心脑血管、微循环系统疾病，头痛眩晕、肢体麻木、小儿惊风、癫痫、抽搐、破伤风等症，疗效显著，且无明显副作用。

从天麻中提取出的化学成分有天麻苷、天麻苷元、香荚兰醇、香草醛、β-甾谷醇、胡萝卜苷等，其中活性成分含量最高的有效单体是天麻苷，化学名为4-羟甲基苯-B-d-吡哺葡萄糖苷半水合物（β-D-Glucopyranoside），又称天麻素。天麻属可药食两用的中药材，主要分布在陕西、四川、湖北、云南、贵州及东北等地区，在现代食品、医药产品开发和产业体系构建中具有很高的研发价值。

二、产地环境选择与建设以及种植准备

1. 场地选择

海拔 800～1 700 米的平地或坡地（坡度 5°～10°）；场地环境优良，通风透

气，四周无污染源；土层深厚、土质疏松、富含有机质或腐殖质、排水良好、地下水位低、无杂菌污染。粗沙土或沙壤土为宜，pH 值 5.0～7.0。

2. 季节安排

冬栽在 11 月上旬至 12 月上旬（适合低山地区），春栽 2－3 月（适合高山地区）。气温 5℃以上，无霜冻。

3. 蜜环菌种、种麻选择

从有供种资质的公司（基地）购置，所选品种在本地成功规模化应用两年以上。随购随种，不宜久放。种麻应符合：颜色鲜亮，前端 1/3 为浅白色，形体长园略呈锥形；种麻不宜太大，一般以手指头粗细，重量在 10 克左右为好；种麻表面无蜜环菌缠绕侵染；无腐烂病斑和虫害咬伤，无介壳虫等害虫附着；生长锥（白头）饱满，生长点及麻体无撞伤断损情况；凡是种麻生长点（白头）已经萌发生长者，不能再用。

三、种植技术以及管理措施

1. 蜜环菌菌柴培养

天麻栽培前 40～60 天培养蜜环菌菌柴。

图 5-1　木材处理

（1）材料及处理。选择壳斗科树种，如青冈、栓皮栎、茅栗等。直径 5～15 厘米的树木，锯成长 20～50 厘米的木段；树木较粗的，应将木段劈成 2～4 块，在木段的一面或两面每隔 3～4 厘米砍一个鱼鳞口，深度至木质部为度（图 5-1）。树木以新鲜的为好，干燥的要提前泡水一天。

（2）菌柴培养。挖长 2 米、宽 1 米、深 30 厘米的窖；将窖底挖松整平，平放一层树木段，在树木段之间放入蜜环菌菌枝种 4～5 根或在木段鱼鳞口内夹放适量蜜环菌木屑种，然后用沙土或腐殖土填满树木段间空隙，并略高于树木段为宜。如上法再摆放第 2 层。如此依次放置多层，最后盖土 10 厘米，表面呈龟背形略高于地面，覆盖树叶或秸秆保温保湿（图 5-2）。

2. 天麻播种（新菌柴+新树棒+种麻）

（1）开窖。挖长 1～4 米、宽 1 米、深 10～40 厘米的窖（海拔高挖深一点，海拔低挖浅一点）。将窖底土挖松 5～10 厘米，然后垫 1 层 5 厘米厚的洁净基质（细土或粗河沙、页岩）。

图 5-2 菌柴培养

（2）播种。一根菌柴一根新树棒（树种、规格及处理同蜜环菌菌柴）交替摆放，间距 6～10 厘米，用腐殖质土填实至高度的 1/2，紧贴菌柴摆放种麻，种麻芽口向上，间距随麻种大小适度调整，一般在 5～15 厘米，用腐殖质土填实间隙，最后盖土 10～15 厘米，表面呈龟背形略高于地面，覆盖秸秆或落叶保温保湿（图 5-3）。

麻种播前简单分级，同一窖用种尽量大小一致。根据具体情况可种 1～2 层，不要超过 3 层。

3. 管理措施

（1）温度小于 16℃时，窖内沙土湿度保持在 35%～45%；温度在 16～27℃时，湿度保持在 40%～55%；采收前保持在 30%～35%。旱时适当浇水，雨季排水防涝。

（2）温度 10～15℃时，天麻则开始萌动，20～25℃时生长最快，高于 30℃时生长缓慢，10℃以下则进入休眠期。

图 5-3 天麻播种

播后加厚遮盖物保温，夏季搭荫棚，尽量延长天麻最适生长期。

（3）播种前半个月做好场地除虫杀菌；不使用有问题种源和材料；避免

重茬。

（4）添补覆盖物，因雨水冲刷或其他原因使表面覆盖物流失、窖内菌柴等外露时，要及时添补新土、秸秆等。

四、采收、储存与初加工

在天麻休眠期采收，11 月（立冬后土壤封冻前）至翌年 2 月（清明前土壤解冻后）期间采收。

选晴天，拣去土表杂物，依次取出菌柴和天麻块茎，抖净泥土，将天麻分级装运；白头麻、米麻沙藏做种。采收天麻后及时清洁麻场，腐烂天麻和感染杂菌的菌材集中深埋或焚烧。

天麻要即时采收、即时加工，存放时间不宜过长。采收后用清洁的水洗净泥土除去鳞片，将麻型好、有顶芽、完整无伤痕的，按重量分级（一级重 150～300 克，二级重 100～150 克，三级重 50～100 克）。将块茎按分级分别蒸至透心、块茎断面无白心时为度，以水沸后计时，一级块茎蒸 30～35 分钟、二级块茎蒸 25～30 分钟、三级块茎蒸 20～25 分钟。将蒸透的天麻晾干水汽平摆于 40～50℃烘干机内，打开排风扇，经常翻动，逐渐升温（2～3℃/小时）直至 65℃，在约七成干时，用洁净重物将块茎压制成扁平形，若有气胀块茎则用细竹针穿刺麻体放气。整形后堆积起来用麻袋等物捂盖"发汗"2～3 天，直至麻体变软。最后在温度 50℃左右下烘至全干。

第二节　苍术栽培技术

一、苍术基本状况简介

苍术为菊科苍术属宿根性多年生草本植物，别名华苍术、枪头菜、枪头草、山刺叶、山刺儿菜等，是我国传统中药材，在我国有悠久的临床应用历史。以根茎入药，具有补脾健胃、化湿利水、安神、止汗等功效，主治脾虚少食、消化不良、慢性腹泻、痰饮水肿、胃腹胀满、胎动不安、盗汗等症。现代医学研究表明，苍术还具有抗菌、调节免疫、抗肿瘤及抗骨质疏松等方面的药理活性，在新药研究开发方面具有较大的潜力。

苍术除药用外，还具有极高的食用价值。春季萌发的嫩苗可作为山野菜食用，营养丰富，风味鲜美独特，颇受人们喜爱。另外，苍术还可作为牲畜饲料、兽药的原料，增强畜禽免疫力和产蛋量等。

苍术野生资源分布于我国大部分地区，多生于灌丛、林下、山坡草地或岩石缝隙中。苍术分为茅苍术和北苍术。茅苍术产于江苏、河南等地；北苍术产于东北三省及内蒙古、河南、山东、山西、陕西等地（图5-4）。

随着人们生活水平的提高，苍术作为一种药食同源的本草药品，得到人们的广泛关注。目前，苍术人工栽培面积虽然因市场需求而不断扩大，但仍然有许多种植户因栽培技术不到位，管理宽泛，而导致产量较低，收入较少。根据水源涵养区的气候特点和苍术的生长习性，总结了苍术绿色栽培技术，以期为水源涵养区的苍术生产提供技术指导。

二、产地环境选择与种植准备

1. 产地环境选择

苍术主要分布于海拔 100～1 800 米的中低山区或丘陵地带，200～800 米为最适宜生长海拔；生活力很强，荒山、瘦地均可种植，排水

图 5-4　苍术

良好、地下水位低、土壤结构疏松、富含腐殖质沙质壤上生长最好，多与禾本科植物在荒坡树荫下伴生。忌低洼地，水浸根易乱。喜光照，但忌强光。喜温和湿润环境，但高温高湿条件易染病或发生倒伏现象。耐寒性较强，在-15℃环境条件下，一年生幼苗可安全越冬，最适生长温度15～22℃。

2. 选地整地

选择气候凉爽、排水良好的腐殖质壤土或沙壤土，坡地、山地、荒地均可，最好向阳。整地前先施基肥，以有机肥为主。每亩地施腐熟厩肥1 500～2 500千克，过磷酸钙20～30千克或施复合肥40千克。深翻20厘米，耙细整平，做宽120厘米的平畦或高畦。

3. 种子准备

（1）种子繁殖。应选颗粒饱满、色泽新鲜、成熟度一致的无病虫害的种子作种。播种前用25℃温水浸种，让种子充分吸足水分，严格掌握温度在10～20℃。待种子萌动、胚根露白，立即播种。

（2）根茎繁殖。4－5月或10－11月，结合收获，挖取根茎并分成小段，每段2～3个芽，或将老苗分成2～3蔸，每蔸1～2个芽，分好之后用草木灰或多菌灵处理伤口，待用。

三、种植技术以及管理措施

1. 作物管理

（1）种子直播。苍术种子发芽率50%左右，一般4月初气温上升到10℃时开始育苗，在整好的畦上条播，按行距20～30厘米开沟，沟深3厘米，将浸好的种子均匀撒于沟中，然后覆土压紧，上盖稻草，经常浇水，保持土壤湿润，出苗后去掉盖草，每亩用种量4～5千克。

（2）根茎分株。将处理好的苍术根茎按株行距（25～30）厘米×15厘米开穴，每穴1段或1蔸苍术根茎，后盖上细土，浇水保湿即可。

（3）定苗。直播地苗2～3片叶间苗，5～6片叶按株距15～20厘米定苗。

（4）摘蕾。非留种地，6～8月抽茎开花时，应及时摘除花蕾，以减少养分的消耗，促进地下部分根茎生长。

2. 病虫草害管理

苍术主要病害为根腐病，主要虫害为蚜虫。

（1）农业防治。进行轮作；用无病种苗，用肿·锌·福美双100倍液浸种3～5分钟后再栽种；及时去除枯枝和落叶，深埋或烧毁。

（2）化学防治。翻地时可用敌磺钠每亩2.5千克撒入土层；发病期用50%甲基硫菌灵可湿性粉剂防治；在发生期用50%的杀螟硫磷乳油防治，每7天1次，连续进行，直到无蚜虫为害为止。

（3）中耕除草。直播地结合间苗定苗时各 1 次，根茎繁殖待苗出齐后 1 次，每 2 个月进行 1 次中耕培土，以防倒苗。

3. 土壤与水肥管理

（1）追肥。7－8 月结合中耕培土追施 1 次磷钾肥 30 千克/亩，冬季可追施农家肥作冬肥，每亩施堆肥或土杂肥 1 000～1 500 千克。

（2）灌溉。在出苗前要保持土壤湿润，以有利于出苗，遇到干旱天气应及时灌水保墒，出苗后一般不需要灌水，多雨季节要清理墒沟，排除田间积水，以防烂根。

四、采收、储存与初加工

苍术一般栽种 2～3 年即可收获。秋季地上部分茎叶枯萎后，或早春发芽前采挖。选择晴天采挖，将挖取的根茎去掉地上部分残茎，抖去泥土，晒干后撞去须泥或晒至八九成干时用微火燎掉毛须即可。均以个大、质坚实、朱砂点多、香气浓者为佳。

第三节 黄精栽培技术

一、黄精基本状况简介

黄精又叫老虎姜、鸡头姜，为黄精属植物，多年生草本植物。根茎入药，具有补脾、润肺、生津、益气养阴、抗菌、抗衰老、丽容颜、强精力之功效，主要用于脾胃虚弱、体倦乏力、精血不足、内热消渴等症。主产于黄河以南各地，湖北、江苏、河南、安徽、浙江、云南等地。

黄精高 50～120 厘米，根茎鲜黄色，须根多数。茎直立；叶 2 列，扁平，嵌叠状广剑形。总状花序顶生，二叉分歧，花橘黄色。蒴果椭圆形。种子黑色，近球形。花期 7－9 月，果期 8－10 月。

黄精根状茎含有淀粉、糖类、菸酸、醌类、强心苷等成分，营养丰富，属于药食两用的中药材，同时也是出口创汇药品种之一，市场前景好，人工栽培一般每亩产干货 300～500 千克，高产的达 600 千克，栽培效益高，开发潜力大。

二、产地环境的选择与种植准备

1. 产地环境的选择

野生黄精生于林下、灌丛或山坡阴处，海拔 800～2 800 米。黄精喜欢阴湿气候条件，具有喜阴、耐寒、怕干旱的特性，在干燥地区生长不良，在湿润荫蔽的环境下植株生长良好。在土层较深厚、疏松肥沃、排水和保水性能较好的壤土中生长良好；在贫瘠干旱及黏重的地块不适宜植株生长。

2. 选地整地

选择湿润和有充分荫蔽的地块，土壤以质地疏松、保水力好的壤土或沙壤土为宜。每亩施充分腐熟的农家肥约 3 000 千克、复合肥 30～50 千克，深耕、耙细、整平、做畦，畦宽 1.2 米（耕地时可使用多菌灵进行土壤消毒处理）。

3. 种子准备

（1）种子繁殖。收获黄精种子后，立即去除果皮果肉，将种子洗净，与湿沙均匀混合，以种子不挨种子为宜，沙子保持湿度 50%，空气温度 0～25℃，最上 1 层铺 3～5 厘米厚细沙，防止干燥。

（2）根茎繁殖。晚秋或早春 3 月下旬前后选 1～2 年生健壮、无病虫害的植株根茎，选取先端幼嫩部分，截成数段，每段有 3～4 节，伤口稍加晾干。

三、种植技术及管理措施

1. 作物管理

（1）种子繁殖。次年春上播种，播种前耕地施底肥 1 500 千克农家肥或 75 千克硫酸钾复合肥，均匀混合，条播、撒播，盖土 1～3 厘米，做厢，开沟，盖稻草保湿保温，或做苗床，控制苗床温度 28℃ 以下。

（2）根茎分株。按行距 25～30 厘米开沟，按株距 15 厘米左右平放在沟内，覆土 5～7 厘米，稍加镇压，过 3～5 天后浇水 1 次，15 天左右即可出苗。

（3）定苗。当黄精苗高 10 厘米时间苗，株距保持 20～25 厘米。

（4）遮阴间作。因黄精喜荫，应于立夏前后适当间作高秆作物以遮阴，如玉米、高粱等（图 5-5）。

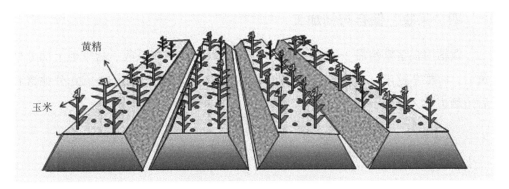

图 5-5　黄精玉米间作示意图

（5）摘花。黄精的花果期持续时间较长，并且每一茎枝节腋生多朵伞形花序和果实，致使消耗大量的营养成分，影响根茎生长，因此要在花蕾形成前及时将花芽摘去。

2. 病虫草害管理

黄精主要病害为叶斑病，主要虫害为蛴螬和地老虎。

（1）农业防治。收获时清园，消灭病残体；用黑光灯或毒饵诱杀成虫；施用粪肥要充分腐熟，最好用高温堆肥。

（2）化学防治。播种前用 75% 辛硫磷乳油按种子量 0.1% 拌种；发病前和发病初期喷施 100 倍波尔多液，每 7～10 天喷 1 次，连续数次；田间发生期，用 90% 敌百虫可湿性粉剂 1 000 倍液浇灌。

（3）中耕除草。在黄精植株生长期间要经常进行中耕除草，每次宜浅锄，以免伤根，促使壮株。

3. 土壤与水肥管理

（1）施肥。每年结合中耕追肥。前 3 次每亩施入人畜粪水 1 500～2 000 千克。第 4 次冬肥要重施，每亩施土杂肥 1 500 千克，与过磷酸钙 50 千克、饼肥 50 千克混合后，于行间开沟施入，后覆土盖肥。

（2）适时排灌。遇干旱天气要及时灌水，阴雨天气及时排水，以防积水烂根。

四、采收、储存与初加工

黄精用根茎繁殖需 2～3 年采收，种子繁殖需 3～4 年采收。秋季地上部分枯黄后，将根茎挖出，去除泥土和茎叶须根。洗净放入蒸笼内蒸 10～20 分钟透心后边晒边揉，至全干即可。

第四节　七叶一枝花栽培技术

一、七叶一枝花基本状况简介

七叶一枝花为百合科重楼属多年生草本药用植物，又名七叶莲、重楼、草河车等，在我国四川、云南、广西、贵州、浙江、江苏、江西、福建、安徽、湖北等地均有分布。有清热解毒，消肿止痛，凉肝定惊之功效，用于主治疗疮肿痛，咽喉肿痛，蛇虫咬伤，跌扑伤痛，惊风抽搐等症。研究表明重楼还具有止血、抗癌、抑菌、镇痛、镇静、免疫调节、保护胃肠道及心血管的作用，是云南白药等常见药品的主要原料之一。

七叶一枝花的叶序属轮生叶，片数有个体差异、从 4～14 片都有，"七叶"只是名称。植株高 35～100 厘米，无毛；根状茎粗厚，外面棕褐色，密生多数环节和许多须根；叶椭圆形或倒卵状披针形，叶柄明显，带紫红色，花梗长 5～16 厘米；外轮花被片绿色，内轮花被片狭条形，通常比外轮长；蒴果紫色，直径 1.5～2.5 厘米，3～6 瓣裂开。种子多数，具鲜红色多浆汁的外种皮。花期 4－7 月，果期 8－11 月。

二、产地环境的选择与种植准备

1. 产地环境的选择

七叶一枝花生于山坡林下及灌丛阴湿处，生长于高海拔 1 800～3 200 米林下。喜温、喜湿、喜荫蔽，但也抗寒、耐旱，惧怕霜冻和阳光。年均气温 13～18℃，有机质、腐殖质含量较高的沙土和壤土种植，尤以河边、箐边和背阴山种植为宜。

2. 选地整地

选择富含腐殖质的微酸性黄棕壤潮土、灰泡土和沙壤土土壤中生长，碱性及黏重土壤中生长不良。

选好地块后除掉杂草，清除病虫害枝条及腐朽枯木，捡尽石块草根堆码在不妨碍的地方，保留好上层林木及落叶，做 1.5 米宽的畦、沟深 10 厘米栽种后将落叶覆盖地表面，四周开好排水沟。

3. 种子准备

（1）种子繁殖。采用育苗移栽法。在 9－10 月，当蒴果开裂，种皮变红时采集，在清水中搓去外种皮。采后立即播种或与沙储藏翌年春季播种。做 1.3 米宽的畦，按沟心距 20～25 厘米，开横沟，深 3～5 厘米，播幅 10 厘米，每行播种子 100 粒左右，盖细土厚约 3 厘米，种子在地里休眠一年完成生理后熟，于翌年早春出苗，当年只抽 1 片叶，培育 2～3 年即可移栽。苗期注意除草。

（2）根茎繁殖。于 10－11 月七叶一枝花休眠时挖起地下根茎，选择生长健壮，无病虫害为害、完整无损的七叶一枝花根茎，切分成长度为 3 厘米左右小茎做种。

三、种植技术及管理措施

1. 作物管理

（1）根茎繁殖。在 25°左右缓坡地整好的畦面上按 10 厘米×20 厘米的株行距播种，覆土厚 5 厘米，再盖上经无害化处理的枯枝落叶，以利保肥保湿。

（2）种子繁殖。种子育苗移栽，在冬季倒苗时进行，行株距 20 厘米×12 厘米，深 10～12 厘米，每穴栽 1 株，栽后覆土厚 5 厘米。

（3）遮阴。七叶一枝花喜荫蔽、怕高温、忌强光直射。进入夏季后要适当遮阴，高温季节以透光度 20%～30%为宜。林下栽培，可采取适当减枝或插树枝遮阴的方法调节光照度；没有树覆盖的山地或农田，要打水泥柱或木桩，加盖遮阳网（图 5-6 和图 5-7）。

（4）打花薹。为减少养分消耗，使养分集中供应地下根茎生长，除留种的母本园外，应及时剪除花薹的子房部分，以提高产量。

图 5-6　林下种植

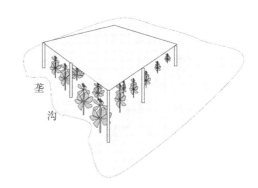

垄沟

图 5-7　遮阳网遮阴种植示意图

2. 病虫草害管理

七叶一枝花虫害少，但遇到低温多雨或高温湿热天气，植株易发病，要注意防治，在雨水季节特别要注意排水、通风。

主要病害有立枯病、根腐病等。防治措施有：加强田间管理，及时清沟排水，降低田间湿度；发病初期喷洒多菌灵或甲基硫菌灵防治。

3. 土壤与水肥管理

（1）施肥。栽培前要施足底肥，一般 3－5 月七叶一枝花生长最快时期之前必须追肥 1 次，12 月七叶一枝花倒伏后再施 1 次肥，表面覆草。施肥以腐熟的有机肥为主，辅施叶面肥，不施化肥。

（2）灌溉。畦面及土层要保持湿润，遇天旱要及时浇水；雨季土壤易板结，要及时排水，防止积水诱发病害与根茎腐烂。

四、采收、储存与初加工

以种子栽培的 5 年后采收块茎入药，块茎种植的 3 年后采收块茎入药。秋季倒苗前后，即 11－12 月至翌年 3 月以前均可收获。先割除茎叶，然后用锄头从侧面开挖，挖出块茎，抖落泥土，但要注意保持块茎完整，清水刷洗干净后，趁鲜切片，片厚 2～3 毫米，晒干即可。阴天可用 30℃ 左右的微火烘干。

第五节　北柴胡栽培技术

一、北柴胡基本状况简介

北柴胡，又名硬质柴胡、韭叶柴胡，属被子植物门双子叶植物纲伞形科柴胡属多年生草本药用植物。根茎入药，能够滋阴润肺、止痛退热、降低血浆胆固醇，具有治疗过敏、溃疡、肝炎、月经不调、消炎、抗癌等作用。北柴胡在我国有一千多年的栽培历史，主要分布于甘肃、陕西、云南、四川等地。

北柴胡叶互生，线状披针形或披针长圆形，先端长尖。伞形花序，花小，黄色。果实椭圆状卵形。根呈长圆锥形或圆柱形，主根粗大，下部分枝，质硬而韧，不易折断，皮部浅棕色，木部黄白色，气微香，味微苦。花期 7－9 月，果期 8－10 月（图 5-8）。

图 5-8　北柴胡花期

水源涵养区属北亚热带季风区的温暖半湿润气候，四季分明，中药材资源丰富，且药材质量较好。所产北柴胡品质高，深受国内外药商欢迎。目前，水源涵养区种植北柴胡规模不断扩大，成为农民增收的主导产业之一。为了解决生产中的实际问题，从北柴胡产地环境选择、种植技术、田间管理等方面提出了北柴胡绿色栽培技术，以期为北柴胡的规模化、规范化栽培提供参考。

二、产地环境的选择与种植准备

1. 产地环境的选择

北柴胡主根较粗大，质硬且韧性强，常野生于海拔 1 500 米以下山区、丘陵坡地、路边、林地。北柴胡喜暖和湿润气候，耐寒、耐旱怕涝，适宜土层深厚、肥沃的沙质壤土中种植。北柴胡药用成分受环境、气候、季节、外界条件（如光照、温度、湿度、土壤肥力）的影响特别严重，地道性强，从而导致大田生产不易。

2. 选地整地

选择远离交通要道和化工厂，生态环境和地势适宜，土壤结构通透性良好，农田、大气、水质、土壤农药残留及重金属符合规定的地块，海拔为1 500米以下山区、路边、草丛、林地、黄坡、平地。选择地块杂草较少，忌连作，土层厚度不少于15厘米，不易积水，pH值为5.0～7.5的土壤。

图5-9 北柴胡种子晾干

种植前每亩施30千克硫酸钾复合肥和75千克复合益生菌肥，根据地形开沟做畦，长度依地而定，做畦宽1.1～1.3米、高20～25厘米。缓坡山地可不开沟作厢。

3. 选种

北柴胡一般在8月收割地上15～20厘米以上茎，晒干，将种子打下后，除去杂质，贮于透气袋中，凉爽干燥处保存。种子千粒重约1.04克，留饱满、无破损、干燥的种子。种子寿命短，存放时间长短影响发芽率。播种前，用清水浸种，去除杂质、破损种子，晾干后播种（图5-9）。

三、种植技术及管理措施

1. 作物管理

（1）播种。在当年7月中旬至8月、翌年3月为宜，过早、过晚均不利于北柴胡发芽、度夏，播种量为4.5～6.0千克/亩（种子提纯后，亩播种量2.5～3.0千克），且发芽率一般达50%左右。北柴胡发芽期和苗期喜中度荫蔽环境，播种后，切勿再次耕作，以免影响出苗（图5-10）。

（2）套种玉米。夏季高温，容易烧苗。北柴胡种子出苗后，为防止高温烧

图 5-10　北柴胡播种

苗，需及时套种玉米，玉米株行距为 50 厘米×（60～80）厘米。

（3）植株间苗。10－11 月按照株距 4～6 厘米、行距 10～20 厘米间苗。

（4）种子采收和地上部分修剪。8－9 月收获北柴胡种子时，按离地面高度 15～20 厘米（保留基叶），割去上部分柴胡秧。可在每年春季，割去基叶以上部分，减少地上营养消耗，促进地下根生长。

2. 病虫草害管理

北柴胡主要病害为根腐病、锈病、斑枯病等；主要虫害为黄凤蝶、臭屁虫（赤条椿象）、卷叶蛾、蚜虫等。

（1）农业防治。

开沟排水措施，有效减少或抑制根腐病发生；增施磷钾肥，提高抗病能力；防止田间积水，同时适当控制密度；选择健壮无病株进行移栽；不要连作，实行轮作换茬；清除田间的病株并移出田外集中烧毁；合理施肥，使用腐熟农家肥，不要过量施用氮肥；春季割去北柴胡基叶以上部分，有效减少病虫害的发生。

（2）化学防治。锈病发病初期，用 25%三唑酮可湿性粉剂 1 000 倍液喷雾；斑枯病发病初期用 75%甲基硫菌灵可湿性粉剂 800 倍液、70%代森锰锌可湿性粉剂 500 倍液、50%多菌灵可湿性粉剂 600 倍液和 0.3%多抗霉素可湿性粉剂 100 倍液交替用药防治；害虫可使用 30%敌百虫·毒死蜱乳油进行喷杀。

（3）除草。由于北柴胡种子休眠期长，出苗不整齐，7 月中旬至 8 月播种后，第1年只生长基生叶。寒露、霜降或翌年早春，杂草抑制北柴胡发芽或幼苗生长，可采取手工除草或专用除草剂精喹禾灵除草。为了保证北柴胡品质，又不减少单位面积苗数，通常采取手工除草。

3. 土壤与水肥管理

（1）追肥。第2、第3年2月下旬至3月上旬左右，除净杂草（2～3片叶时）后，亩施尿素15千克和磷酸二氢钾20～25千克作追肥。

（2）玉米追肥。玉米苗期、穗期分别在5月下旬、6月上旬，均追施尿素与硫酸钾复合肥15千克/亩。

四、采收、储存与初加工

3月播种，均在当年和翌年8－9月收获北柴胡种子，晒干，贮种。翌年11月采挖地下根，以身干、根粗长、无茎苗、须根少者为佳。采挖后抖去泥土，晒干、分开根系节段部分、润湿、剪细、晾干、机械夹碎、再晒干装袋即成。

7月中旬至8月播种后，第2、第3年8－9月收获北柴胡种子，第3年11月采挖地下根。

第六节　白及栽培技术

一、白及基本状况简介

白及属多年生草本球根植物，原产我国，主要分布于我国的长江流域及其以南各省区，如陕西南部、甘肃东南部、江苏、安徽、浙江、江西、福建、湖北、贵州、湖南、广东、广西、四川和云南均有分布。白及主要品种有紫花、白花、黄花白及等。野生白及常生于疏生灌木和杂草的山坡多石之地，如栎树林或针叶林下、路边草丛或岩石缝中。喜温暖、阴湿的环境，稍耐寒，耐阴性，忌强光直射，喜凉爽气候及腐殖质丰富且排水良好的沙壤土。

白及千百年来一直作为传统中药材入药，具有极高的药用价值。其主要功效为补肺消肿、生肌、敛疮止血等。实验检测表明，白及鳞茎中富含葡萄甘露聚糖，是其主要功能性成分。白及块茎含多糖胶，是一种天然食品增稠剂，也作为安全性较高的医药原料广泛使用。同时，白及多糖胶还具有减少刺激性、保护皮肤、延缓衰老等功能，可应用于日化产品中替代化学产品。随着研究的不断深入，白及应用的范围越来越广泛，也就导致了白及的需求量越来越大。其主要功效为补肺消肿、生肌、敛疮止血等功效；同时白及块茎含多糖胶，可作为食品增稠剂。白及在食品和药品行业应用广泛，市场需求量大。

白及虽然能产生大量的种子，但是白及种子没有胚乳，在自然条件下不能正常萌发，仅靠分株无性繁殖，难以满足规模化生产的需求。通过调配育苗基质组分与营养粉拌种直播，建立一套完整的育苗、炼苗、栽培系统化生产白及的绿色高效栽培技术，实现白及规模化生产。

二、种植准备

1. 种子直播育苗

（1）温棚建设。白及直播育苗对管理要求较高，不宜在露天进行，需要搭设温棚。温棚搭建宜选择非过风道、向阳的地块，长宽比例依地势而定。棚内分 2～3 厢整地，厢宽 2～3 米，厢长不宜超过 20 米，利于排渍。温棚要建有雾化喷水系统。厢沟排水通畅（图 5-11）。

图 5-11　白及育苗棚

（2）温棚土壤与基质处理。选择海拔 300～1 200 米，土壤富含腐殖质、温暖潮湿、疏松肥沃、排水良好的沙壤土地块，深耕或深挖 15～20 厘米以上，将土壤整细，选 1.5 米宽幅的可降解地膜覆盖在厢上，四周用土压实；在膜上均匀铺上 8～10 厘米育苗专用基质，在厢面上打 1 层封闭除草剂+草甘膦，再撒 1 次克百威（4 千克/亩），防止蚯蚓将苗床破坏。调酸处理 pH 值至 6 左右，保持湿润。

（3）选种。宜选用上年成熟饱满的果荚，人工剥开装袋备用。按每亩 1 千克果荚准备。

(4) 播种。播种期以 3—4 月或 8—9 月为佳。种子要与锯末粉混合按 1：5 体积混合，混合前锯末要用 1/2 000 的萘乙酸、MS 粉（按 2 升/亩混匀处理），每亩播种量 0.2 千克。种后盖 1～2 厘米厚的细土。每 3 天喷 1 次水，土壤湿度保持 80%左右，地温不超过 35℃。

2. 炼苗

炼苗一般在当年冬季进行。秋季 10 月开始对直播苗进行光温控制，保证苗棚温度在 25℃、光照强度在 200～2 500 勒克斯较好，可提高种苗适应性。

将土壤基础厢面旋耕、整平，在厢面上打 1 层封闭除草剂+草甘膦，再撒 1 次克百威（4 千克/亩），防止蚯蚓将苗床破坏。厢面整平后上铺 1 层无纺布，上面铺 8 厘米的基质，撒上小颗粒苗，按 600 粒/平方米的密度。最后盖上 1～2 厘米的基质土，浇水。

出苗后 1 周及时施肥，按每亩撒施 5 千克复合肥（$N：P_2O_5：K_2O = 15：15：15$），施后洒水，保持苗棚土壤湿度 75%左右。

三、种植技术及管理措施

1. 大田移栽

使用旱地种植。选择疏松肥沃的沙质土壤和腐殖质土壤，把土翻耕 20 厘米以上，施厩肥和堆肥。施农家肥 15 吨/公顷，没有农家肥可撒施复合肥 750 千克。再翻地使土和肥料拌均匀，栽植前，浅耕 1 次，把土整细、耙平、作宽 130～150 厘米的高畦。

选择完好、无病害白及块茎，每块带 1～2 个芽，沾草木灰后拌种，开沟距 20～25 厘米，深 5～6 厘米。按株距 10～12 厘米块茎 1 个，芽向上，填上，压实，浇水，覆草，经常保持湿润，株行距按 20～30 厘米，顺水径流方向种植 3～4 个月新芽出土。

2. 遮阴防寒

白及喜阴。夏季海拔 800 米以下的阳光直射地区，日照强烈，为防止日灼现象，需在白及田畦两边种上 2～3 行玉米遮阳，玉米的株距控制在 40～50 厘米，玉米成熟后收获果实，保留茎秆，待 10 月中旬白及收获后砍除。

白及不耐寒，需做好冬季防寒抗冻措施。盖草或覆膜防寒，待春季出苗时揭去盖草或薄膜。

3. 水肥管理

底肥一般每年冬季用施肥机穴施，每亩用 40~50 千克 45% 复合肥均匀施入。追肥可采用叶面喷施叶面肥与施肥机穴施复合肥结合。

白及喜湿，怕涝长时间干旱时，要及时浇水，在早晚进行，可短时间耐涝，但长时间处在低洼湿地的长势不好，甚至死掉，要及时排涝。

4. 病虫害防治

病害主要为黑斑病、根腐病、叶斑灰霉病等；虫害主要为地老虎、金针虫等。

黑斑病主要为害花卉和蔬菜类作物叶片，其病菌以菌丝体或分生孢子盘在枯叶或土壤中越冬，翌年 5 月中下旬开始侵染发病，7-9 月为发病盛期，在白及大面积种植时较易发生。防治方法：土壤消毒。用 50% 的多菌灵可湿性粉剂 500 倍液或 70% 甲基硫菌灵可湿性粉剂 1 000 倍液浸种，在栽苗时浸苗基部 10 分钟。

根腐病多在春夏多雨季节发生。此病以预防为主，发病后无根治效果的方法。预防方法：注意排涝防水，深挖排水沟；苗床加强通风排水。

叶斑灰霉病主要为害叶片，严重时也可以为害茎、花、果实等。高温高湿有利于病害的发生，其中湿度是影响发病的重要因素。条件适宜时，病斑正面也可长出黑霉，病斑多从底部叶片向上蔓延，严重时致使全部叶片干枯卷曲，植株呈黄褐色干枯状。防治方法：及时清除病株残体和病叶，及时采取药剂防治。药剂防治可用 75% 百菌清可湿性粉剂 600~800 倍液、65% 代森锌可湿性粉剂 400~500 倍液、50% 多菌灵可湿性粉剂 500~600 倍液交替喷施。

虫害最常用的防治方法为人工捕杀、翻土晾晒，结合间作或套种、轮作倒茬。适时灌溉、翻晒苗床可扰乱地下害虫的活动规律，起到暂缓解作用。金针虫对新枯萎的杂草有极强的趋性，可采用堆草喷药诱杀；必要时使用化学农药辛硫磷灌根防治。

四、采收及初级加工

白及种植 2~3 年后 9－10 月地上茎枯萎时，把块茎挖起后去掉泥土进行加工。将块茎单个摘下选留新秆的块茎作种用，剪掉茎秆在清水中浸泡 1 小时后，洗净泥土，除去须根，放沸水中煮至内无白心时取出，晾晒或者炕至表面干硬不黏结时，除去残须，筛去杂质，挑出劣质品。表面光洁呈淡黄色，以个大、饱满、色白、半透明、质坚实者为佳。

第六章　饲料及绿肥作物绿色高效生产技术

第一节　青贮玉米栽培技术

一、青贮玉米基本情况简介

青贮玉米也叫青饲玉米，是指在乳熟末期至蜡熟前期收获包括果穗在内的整株玉米，经切碎加工后直接或储藏发酵，并以一定比例配置成用以饲喂牛、羊等草食家畜的一类玉米品种。青贮玉米是鉴于农业生产习惯对一类用途玉米的统称。

1. 青贮玉米与普通玉米的区别

（1）产物不同。青贮玉米植株高大，生物产量高，以生产鲜秸秆为主，一般亩产鲜秸秆 4.5 吨以上；普通玉米则以生产玉米籽粒为主。

（2）收获期不同。青贮玉米最佳收获期为籽粒的乳熟末期至蜡熟前期，此时产量最高，营养价值也最好，而普通玉米的收获期必须在完熟期。

（3）用途不同。青贮玉米主要用于饲料，而普通玉米除用于饲料外，还是重要的粮食和工业原料。

（4）品质要求更高。为给牲畜提供营养丰富的饲料来源，对青贮玉米品种的品质要求高于普通玉米。

2. 青贮玉米的分类

青贮玉米通常分为专用型、兼用型、通用型 3 类。

（1）专用型。植株高大、叶片茂盛，适口性好，生物产量优势明显，籽粒产量较低，以青贮为种植目的，专用于作青贮的玉米品种。

（2）兼用型。生物产量优势不明显，籽粒产量高，以收获籽粒为种植目的，籽粒收获后植株较绿，还可用秸秆做青贮饲料的一种类型的玉米品种。

（3）通用型。不仅植株高大，叶片茂盛，而且果穗也大，生物产量、籽粒产量都较高，种植目的既可以收青贮，也可以收籽粒，两者通用。

3. 青贮玉米品种标准

（1）生物产量。鲜物质产量≥4 500千克/亩左右，干物质含量达到30%～40%。

（2）品质。整株粗蛋白含量≥7%，中性洗涤纤维含量≤45%，酸性洗涤纤维含量≤23%，淀粉含量≥25%，适口性好，消化率高。

（3）持绿性。收获时果穗以下保持4～5片以上绿叶。

（4）抗倒性。倒伏率≤10.0%。

（5）抗病性。纹枯病、大斑病、小斑病、茎腐病、灰斑病、南方锈病等病害田间表现为中等抗性以上。

4. 青贮玉米营养价值

青贮玉米的秸秆营养丰富，糖分、胡萝卜素、维生素 B_1 和维生素 B_2 含量高。玉米青贮饲料在常态下含水率为75%左右，若按风干状态计算，大致为4千克折合1千克，粗蛋白即为80克，无氮物为564克、粗脂肪为32克，与玉米籽粒营养相差不多。玉米青贮饲料含有丰富的维生素及微量元素，在冬春缺青季节饲喂牛、羊尤为重要，玉米青贮饲料的维生素含量丰富，微量元素多数高于籽粒。有机物消化率较高，能量相当于籽粒的一半左右。

二、产地环境选择与建设以及种植准备

1. 产地环境选择

青贮玉米对环境要求不严格，种植与籽粒玉米一样。选择前茬优良（绿肥茬或施用有机质的其他良好茬口）、光照充足、排灌良好、土层深厚、肥沃、土壤有机质含量较高、地势平坦，适合机械作业的地块。

2. 品种选择

丹江口水源涵养区青贮玉米生产上种植较多的是雅玉青贮8号，该品种为国

家青贮玉米区试南方组对照品种，适宜水源涵养区种植。

3. 种植准备

青贮玉米种植准备与籽粒玉米一样，播种前要精细整地。前茬作物收获后及时耕翻 20～30 厘米，结合耕翻可施入有机肥，一般每亩施有机肥 2 000 千克，排水不好的地块要挖好排水沟。

三、青贮玉米栽培技术

1. 适时播种

青贮玉米适宜的播种期，应根据水源涵养区的气候特点、栽培制度、品种特性等加以全面考虑，既要充分利用当地有效的生长季节和有利的环境条件，又要充分发挥品种的高产特性。

春玉米适宜播种期为 3 月底至 4 月中上旬，夏玉米适宜播种期为 6 月中旬左右，要抢墒播种。

2. 合理密植

青贮玉米栽培的目的是获得较多的生物产量，因此种植密度比普通玉米的密度适当高一些。雅玉青贮 8 号适宜的种植密度为 4 500 株/亩左右；机械播种可适当密些，一般为 5 000 株/亩左右。播种量一般 2～3 千克/亩。

3. 科学施肥

青贮玉米的种植密度一般都较密，生育期间对水分、养分的要求较高，为了保证其生长发育的需要，应施足基肥，适时追肥，以获得较高的生物产量。

（1）基肥。以有机肥料为主，一般 2 000 千克/亩。除施足有机肥料外，还应增施少量的氮、磷、钾化肥，以保证玉米苗期对养分的需要，确保苗齐、苗壮。施用有机肥，猪、羊、牛、马等的畜禽粪肥、堆杂肥、秸秆肥等，是青贮玉米持续高产的重要措施。相关研究表明，青贮玉米的产量随着有机肥施用量的增加而上升，特别是连茬种植的地块，增施有机肥的作用显得更为重要。

（2）少施苗肥。在 5～6 片可见叶时追施苗肥，一般用尿素 10 千克每亩。

（3）重施穗肥。在 11～13 片可见叶时，雄穗和雌穗开始分化，进入营养生长和生殖生长的双旺阶段，此时正是玉米上部茎叶的形成期和果穗的分化期，所需肥、水最多，故也将这个时期称为肥水临界期。此时追施穗肥对促进秆粗叶茂、穗大粒多起到关键的作用。一般追施尿素 20 千克/亩。

4. 田间管理

（1）及时查苗、补苗。种子出苗后要及时查苗，若缺苗过多，则应及时补苗，以防缺苗断垄，滋生杂草。

（2）适时定苗。一般 5～6 叶时定苗，注意留苗要均匀，去弱留强，去小留大，去病留健，若遇缺株，两侧可留双苗。适时定苗可以避免幼苗拥挤，相互遮光，消耗土壤养分、水分，以利于培养壮苗。

（3）防治地下害虫。玉米苗期主要有地老虎、蛴螬、蝼蛄、金龟子、金针虫等地下害虫，要及早防治。生产上一般用 50% 辛硫磷乳油 1 000～1 500 倍液喷雾即可有效防治。穗期有玉米螟、蚜虫等害虫，为降低饲料中农药残留，应以生物防治为主、高效低毒药剂防治为辅。

常用生物防治方法，一是在玉米大喇叭口期，每亩用（每克含 100 亿孢子）苏云金杆菌乳剂 150～200 毫升，拌细沙 3～6 千克制成颗粒剂，每株撒施1～2 克。二是在玉米螟产卵开始期、高峰期和末期，各放赤眼蜂 1 次，每次每亩 1 万～3 万头。三是用杀虫灯、糖醋液诱杀成虫。

（4）中耕除草。中耕可以疏松土壤，流通空气，破除板结，提高地温，消灭杂草及病虫害，减少水分养分的消耗，促进土壤微生物活动，满足玉米生长发育的要求。青贮玉米生育期需中耕除草 2 次，第 1 次在 5～6 叶时结合定苗进行，第 2 次在 11～13 叶时结合追施穗肥进行，此时还需培土壅蔸，防止倒伏。

四、青贮玉米的收获、加工与储藏

1. 青贮玉米的收获

青贮玉米是收割玉米植株的整个地上部分来调制青贮饲料。青贮玉米的最佳收割期应是产量最高，品质最优的时期，一般在吐丝后 30 天（即乳线 1/4～1/2）为最佳收割期。此时玉米正处于乳熟末期、蜡熟初期，植株鲜重刚开始下降，籽粒蜡质状，绿叶数没有明显减少。植株含水量正适宜青贮发酵，因此是青贮质量最好的时期。

青贮玉米的亩产量高，收割、拉运工作繁重，收割又必须与粉碎、装填等青贮调制工作相配合，收割与加工尽量在同一天完成；若条件不允许，可以分期分批收割，防止积压。一般早熟品种先收割；播种早、吐丝早的先收割；植株生长势不强，肥水条件较差，发生倒伏的先收割；种植后茬作物季节紧张的先收割。

青贮玉米除要掌握适期分批收割外，还必须注意提高收割质量，才能确保调制成优质的青贮饲料。青贮玉米的收割部位应是茎基部距地面5～10厘米处。因为靠近地面的茎基部坚硬，易损坏切碎机的刀具，而且青贮发酵后家畜也不食用。适当提高收割部分还可以防止植株带泥、水等杂质。

2. 青贮玉米的青贮加工

青贮玉米收割后要及时加工，以减少营养成分的流失。收获后将新鲜的玉米秸秆铡成3～5厘米的长度，然后将切碎的原料填入青贮容器中，边入料，边压实，创造无氧条件，最后密封，不能漏水、漏气。青贮玉米的青贮加工要做到快收、快运、快切、快装、快踏、快封。

3. 青贮饲料的储藏

青贮饲料的储藏主要有窖（池）贮、包贮、堆贮等方式。窖贮是一种最常见、最理想的青贮方式。但是一次性投资大些，窖坚固耐用，使用年限长，可常年制作，储藏量大，青贮的饲料质量有保证。裹包青贮是一种利用机械设备完成秸秆或饲料青贮的方法，是在传统青贮的基础上研究开发的一种新型饲草料青贮技术。堆贮的特点是使用期较短，成本低，一次性劳动量投入较小，制作的时候需要注意青贮原料的含水量（一般要求在65%左右），要压实，要密闭。

第二节　饲用苎麻栽培技术

一、饲用苎麻基本状况简介

我国种麻历史悠久，麻类纤维的应用有近万年的历史，麻的传统用途主要是服装、家纺产品及包装材料。近年来，麻类作物在农艺设施、蛋白饲料、生物基质、环境保护等方面应用也得到了大量有益的探索。

苎麻多年生、耐贫瘠、生物量高、营养品质好、分蘖能力强、耐刈割、生态适应性广及适口性好，其嫩茎叶富含蛋白质、氨基酸、维生素、矿物质等动物生长发育所需的营养物质，是很好的植物性蛋白饲料原料；实践中苎麻也常用于防治家畜多种疾病和维生素缺乏症。苎麻还具有较强的保持水土和净化环境能力，是一种较好的植物篱。在水源涵养区推广种植苎麻，不仅可以高效利用土地资源，为畜牧业提供充足的饲料保障，还可以保持水土、防控农业面源污染，实现社会效益、经济效益和生态效益的有机统一。

二、产地环境选择与建设

选择背风向阳，离水源较近，排灌方便，土壤疏松，肥力中等，杂草少的田块作苗床，先将苗床进行翻耕、晒土后施杀菌剂和杀虫剂进行土壤消毒。平整作厢，厢宽 1.2～1.4 米，厢间距离 0.3～0.5 米，厢面务必整细整平，拣尽杂草，做到上虚下实。厢间开沟，防止积水伤苗。

三、种植技术以及管理措施

1. 播种育苗

（1）品种选择。选择产量高、蛋白质含量高，抗旱性、适应性强的品种。推荐使用中国农业科学院麻类研究所选育的中饲苎 1 号。该品种适应性强，丰产性好，具有分株能力强，叶片分布均匀，群体整体协调，冠层结构合理，脚麻少，锈脚短，上下均匀一致，抗风抗倒伏，耐旱耐肥能力强，抗苎麻花叶病和根腐线虫病。

（2）播种时期。最佳播种期为早春，露地育苗在 3 月中旬播种育苗，薄膜保温育苗可适当提早。也可于温度适宜的秋季播种育苗，越冬后移栽。播种前晒种1～2 天，以利种子吸水，提高发芽势。

（3）育苗方法。根据种子发芽率适当增减播种量，一般每亩苗床播种 500 克左右。采用撒播法，先把种子与轻质细土、草木灰等（注意拌种物不要混有杂草种子）按体积（1∶5）～（1∶10）的比例拌匀，分厢定量撒播均匀。出苗前只需保持薄膜覆盖严实，苗床湿润即可。早春用薄膜小拱棚保温育苗，夏秋育苗时可选用遮阳网覆盖。

（4）苗场管理。以苗床不发白为宜。如果苗床发白，应立即用洒水壶浇水保湿。因苎麻种子非常小浇水时应用喷水壶，防止水大把种子冲走。

薄膜小拱棚保温育苗，薄膜内最适气温为25℃。膜内气温超过32℃时，晴天上午10时前应及时揭开薄膜两端通风降温，并在薄膜上盖草帘或遮阳网挡住强光，以防高温烧苗或形成高脚苗，但上午9时前和下午5时后要揭去遮阳物，让麻苗适当见光。温度过高时可直接在遮阳物上喷水降温。当麻苗长到4片真叶时，可以揭开薄膜两端通风炼苗。炼苗2~3天后，选阴天揭去薄膜，揭膜后要及时浇水保湿。保留竹弓，在高温烈日天或预计有大风雨前盖上遮阳网，防止损伤幼嫩麻苗。

从6片真叶期开始，发现苗床杂草要及早拔除。从6片真叶期开始，根据麻苗植株形态，除去群体中植株形态明显不同的麻苗。在去杂的同时进行间苗。间苗的方法是先除去弱小苗，如果密度仍大，再去掉一部分麻苗，密度标准为麻株间叶不搭叶为宜，每平方米苗床留苗100~150株。间苗一般要分2~3次进行，每次间隔时间7天左右。

结合间苗、定苗进行施肥。在每次间苗后，用稀薄的人粪尿水或0.2%~1%的尿素水溶液（浓度随苗龄增长逐渐增大）浇洒。1次施肥量不能太多，以免伤害幼苗。

苎麻育苗期间病虫害较少，如发现苎麻炭疽病、花叶病、苎麻夜蛾、苎麻金龟子等及时进行防治，采用50%咪鲜胺锰盐可湿性粉剂和阿维菌素进行防治。选用农药应该符合国家关于农药合理使用准则的规定。

2. 取苗移栽

麻苗长到8~10片真叶时即可开始移栽。10~12片真叶期是适宜的移栽期。移栽宜选择阴天或晴天下午进行。取苗前用水浇湿苗床。取苗时先取大苗。取苗后的苗床应及时整理施肥，以促进小苗生长。尽可能减少根系损伤，适量带土移栽。对于叶片数较多，株高超过40厘米的麻苗应剪去部分叶片，以减少水分蒸腾。根据麻苗大小分级移栽到不同地块，栽后及时浇足量稳蔸水。栽麻后如果连续晴天，3~5天内每天应浇水1次，以确保麻苗成活，并及时查苗补缺。移栽密度每亩 2 000~3 000 株为宜，平地行距 60 厘米。株距 40 厘米，坡地可以适当加大株行距。

3. 适时追肥与中耕

追肥一般结合中耕除草进行，中耕宜先浅后深，蔸边浅、行间深，最深不过 15 厘米，不要挖动麻蔸。化肥兑入人畜粪或水中浇施、或中耕时开沟穴施。

一般壮龄麻园应季季追肥，平衡施肥，头季麻应该是前轻后重，二麻、三麻是前重后轻。头麻从幼苗出土到齐苗后 1 个月内追 2 次肥，第 1 次叫提苗肥，每亩施人畜粪 500~700 千克，第 2 次叫壮苗肥，苗高 35~65 厘米每亩施 5~10 千克尿素。二麻生长期短，头麻收获后即重施追肥，1 次施足，每亩施人畜粪 1 000~1 500 千克，或施尿素 10 千克左右。三麻出苗后 1 个月即现蕾开花，施肥要足和早，每亩施人畜粪 1 500~2 000 千克，并掺尿素 3~4 千克。

新栽麻待麻苗成活后，结合行间中耕（10~13 厘米）用尿素 5 千克/亩，兑粪水 250 千克穴施。苗高 50 厘米左右，结合浅中耕（3~6 厘米）重施长秆肥，每亩施尿素 10 千克、复合肥 10 千克、人畜粪水 750 千克。新麻园追肥的目的主要是壮蔸，而不是催苗，施肥应弱苗多施，壮苗少施，促使苎麻苗生长整齐。破秆以后立即结合浅中耕，每亩施尿素 10 千克、稀粪水 500 千克，促进二麻出苗和快封行。

4. 病虫害防治

苎麻害虫主要有苎麻夜蛾、赤蛱蝶、黄蛱蝶、金龟子，主要是成虫叶面为害，可采用普通杀虫剂防治，效果显著。新栽麻地 4－5 月常有地老虎为害，引起缺蔸，应及时用灭扫利、甲胺磷等淋蔸防治。苎麻花叶病由病毒引起，常导致苎麻叶片失绿花叶，植株矮小，严重减产，目前主要采取隔离措施防除，但增施钾肥有一定防效。根腐线虫病主要为害麻蔸使萝卜根变黑发烂，以隔离措施为主并配合用 6% 寡糖·噻唑膦水乳剂 200 倍液浸蔸 15 分钟，效果较佳。

四、刈割收获和储藏

苎麻用作青贮饲料，宜在株高 50~60 厘米时收割，或苎麻收获前割取上部鲜嫩梢。苎麻鲜茎叶青贮一般采用窖贮。装填前应对原料水分含量进行调节，青贮时的最高水分应严格控制在60%～70%，调制半干青贮、混合青贮时水分含量以50%为宜。一般将青贮原料用铡草刀铡成2～3厘米长的小段，用于半干青贮调制时，苎麻切段长度以0.65厘米左右为宜，以提高其乳酸含量及干物质的消化率。装填前在窖的底部铺一层约10厘米厚的碎秸秆或软草，窖的四周铺垫塑料布，以免原料被泥土等杂物污染。青贮原料的装填应快速、紧实，边切碎边装填，逐层装入、逐层压实，尤其要注意靠近窖壁和四角的地方不能留有空隙。原料装至高出窖口30厘米左右为宜，压实后加盖塑料薄膜，覆以30～50厘米厚的砂土，再压以石板等重物，防止漏水透气。

也可选用9ku-650型干草压块机等压粒压块成套设备，将新鲜苎麻直接加工成草块。将收割的新鲜苎麻切成2～5厘米长的碎段，输入干燥器内使水分降至15%左右，再均匀地输送到压块机内压制成块。压制后的草块，体积可缩小到原来的5%，可保留饲料的营养，又便于贮存、运输和机械化饲喂。

第七章 油料作物绿色高效生产技术

第一节 油菜栽培技术

一、油菜基本情况简介

油菜属十字花科，原产中国。油菜是世界上三大主要油料作物之一，也是我国区域分布最广、播种面积最大的油料作物。油菜是喜凉作物，对土壤和热量要求不高，具有广适性，是我国 5 个种植面积超过亿亩的作物之一（玉米、小麦、水稻、大豆、油菜）。

油菜用途众多，油菜籽是我国居民最常见和喜爱的植物食用油来源之一，我国菜油消费总量约占世界的 1/4 左右，是世界第一大菜油消费国；幼嫩的油菜苗、油菜薹可以通过炒制或凉拌食用；油菜花具有观赏价值；油菜也可以作为绿肥和青贮饲料。油菜又是生物柴油的理想原料，是一种优质能源，能够替代石油和柴油。作为重要的经济作物，油菜对于保障国家食物安全、能源安全及农民增收具有十分重要的战略意义。

水源涵养区属于典型的亚热带季风气候，年均降水量 850～950 毫米，年平均气温为 15.9℃，年平均总日照为 2 046 小时，年平均无霜期为 248～254 天，四季分明、光能充足、热量丰富、降水集中，优良的气候条件为油菜的种植提供了优越的生长环境。

二、产地环境选择与建设

油菜在水源涵养区均可种植。在选地上要突出合理轮作，选择土层深厚、土质疏松、肥力中上的地块，前茬为非十字花科作物，避免重茬，以蚕豆、小麦、马铃薯、玉米轮作为宜，达到改良土壤的理化性质和生态环境，消灭病虫源，减轻病虫害的发生和为害。

油菜是直根系作物，根系较发达，主根入土深，支、细根多，要求有机质丰富、保水保肥、疏松通气的土壤结构。前茬作物收获后，机械深耕 25～30 厘米，冬前农闲进行耙犁，达到耕层土壤疏松，上虚下实，田面平整。

三、种植技术以及管理措施

1. 种植技术

（1）选择良种。可因地制宜的选用优质高产品种。绿色"双低"油菜有早、中、晚熟品种之分，从秋发高产角度出发，以选用中、晚熟品种为好；因茬口、套种、直播栽培、避灾等需要，可选用中、早熟品种。

选择适应性强、优质高产、抗病性强、适合全程机械化种植的主推品种，如华油杂 62、中油杂 7819、阳光 2009、秦优 10 号、沣油 737、油研 52 等。播种前去除破粒、瘪粒、杂粒、病粒和残秸，晾晒 1～2 天，可提高发芽率，同时还能有效防止病害的发生和蔓延。

（2）适时播种。适宜的播期是影响油菜产量的因素之一，一定要根据当地的温光条件、品种特性、栽培方法和生产条件等综合考虑，统筹安排，达到适播、适栽、秋发、冬壮、春稳的目的。一般来讲，中迟熟品种可适当早播；春性较强的早熟品种，年前早播易抽薹受冻，故应迟播。肥地宜早播，薄地可稍推迟。移栽油菜一般在 9 月中旬至 9 月底播种为宜，直播油菜一般在 10 月底播种。此外，确定具体播期还要考虑当时的天气状况、土壤墒情等。

（3）播种方式。

①露地直播。油菜需浅播，发芽时需水量大，所以播种时土壤湿度是全苗的关键，一般要求田间持水量 60%～70%。在日平均气温 16～22℃，土壤水分适宜的条件下，3～5 天就能出苗。

②育苗移栽。油菜苗床应选择没有种过十字花科作物、土壤肥沃、质地带沙性、地势较高、排灌方便的地块。苗床与大田的比例一般为 1∶4～5，即每公顷

苗床可栽 4～5 公顷大田。油菜苗床整地的要求：翻地不必过深，土壤必须细碎，厢面必须平整。开厢做畦，一般厢面宽 1.5 米左右，厢沟深 15 厘米，四周应开好低于厢沟的围沟。开好厢后，施 6.0～7.5 吨/公顷猪粪或 30.0～37.5 千克/公顷土杂肥，30% 油菜专用肥 750 千克/公顷，均匀地撒在厢面上，并用铁齿耙等将其与土拌匀。

油菜种子细小，播种量在 7.5 千克/公顷以内，播种力求均匀，播后应及时撒 1 层细土、渣肥，使种土密切接触，促进早出苗、出齐苗。通过科学管理育成苗龄 30～35 天、叶龄 6～7 片、苗高 20～23 厘米、根茎粗 0.6～0.7 厘米、叶柄短、无高脚苗、整齐一致、清秀无病虫的适龄壮苗，边覆土边移栽，移栽完后及时浇定根水。一般在 10 月中下旬开始移栽，11 月上旬栽完。

（4）合理密植。本着晚熟品种宜稀、早熟品种宜密，肥地宜稀、瘦地宜密，早播早栽宜稀、反之宜密的原则合理密植，适宜移栽密度为 30.0 万～37.5 万株/公顷。

（5）田间管理。

①查苗补苗。油菜播种时，由于播种深度不一，又因覆土不匀、土块压盖或种子直接暴露地面，都会影响萌发出土，导致缺苗断垄。同时对疙瘩苗要抓紧疏苗匀苗，以免苗挤苗，形成弱苗。应去小留大，把间掉的苗子栽在缺苗处，补栽时要浇水，促进早成活。

②间苗定苗。对出苗稠密现象，进行田间调整，拔除拥挤的幼苗，使株间得到必需的营养面积。3 叶期开始第 1 次间苗，第 2 次间苗在 4～5 叶期，第 3 次间苗在 5～6 叶期，6～7 叶期开始定苗。定苗在预定的株距拔除多余苗、杂苗、高脚苗和弱苗，留足整齐的壮苗。间苗和定苗贵在及时。

③适时中耕。适时中耕松土，可以改善土层水、气、热状况，有利于根系生长。中耕除草时，灌水、施肥和间苗等工作同时进行，中耕除草深度，把握先浅后深再浅的原则。幼苗期根系少，通常只锄 3.3～3.5 厘米的表土，细碎表土，清除杂草，调节土壤水分。油菜生长中期可适当深中耕，促进根系健壮生长，深扎入土，可免受表土干湿剧变的影响。对于直播油菜，在齐苗后 2～3 叶期结合间苗追肥进行第 1 次中耕，4～5 叶期进行第 2 次中耕，在低温来临前再中耕 1

次。对于移栽油菜，在移栽返青后结合追肥进行第 1 次中耕，在 12 月中旬再进行 1 次中耕，并清理"三沟"。

2. 病虫草害管理

（1）常见油菜虫害及防治措施。油菜全生育期主要虫害有菜青虫、蚜虫、黄条跳甲、油菜螟等。

播种时用 50%辛硫磷乳油 3 750 毫升/公顷拌毒土 600～750 千克撒入土壤中进行土壤处理，防治地下害虫和跳甲、象甲类对油菜幼苗的为害；在苗期－薹花期可用 4.5%高效氯氰菊酯乳油 600～750 克/公顷或 1.8%阿维高氯乳油 1 000 倍液喷雾 2～3 次，防治油菜茎象甲、跳甲和蚜虫等；初花期－结荚初期用 10%吡虫啉可湿性粉剂或 2.5%的阿维菌素乳油杀虫剂喷雾防治油菜蚜虫、油菜螟。

（2）常见油菜病害及防治措施。油菜常见的病害有菌核病、病毒病、霜霉病、根肿病等。

菌核病在油菜的整个生育期均会发生，结实期发生最重。茎、叶、花、角果均会受害，茎部受害最重。在油菜初花期－结荚初期用 40%菌核净可湿性粉剂 1 000 倍液或 65%代森锌可湿性粉剂 500 倍液喷雾可防治油菜菌核病。

病毒病在油菜苗期到抽薹期均会发生。可用 10%吡虫啉可湿性粉剂 2 000～4 000 倍液或 50%抗蚜威可湿性粉剂 2 000～3 000 倍液喷雾防治病毒病。

霜霉病为害油菜的茎、叶、角果。可用 50%甲基硫菌灵可湿性粉剂 500 倍液、70%代森锰锌可湿性粉剂 500 倍液或 50%多菌灵可湿性粉剂 500 倍液喷雾防治油菜霜霉病。

根肿病主要为害油菜的根部，苗期即会受害，严重时幼苗枯死。可通过选用抗根肿病的品种、合理轮作、改良土壤的酸性环境等措施预防根肿病。

（3）油菜地块杂草及防治措施。对于杂草多的田块，要及时化学除草。防治禾本科杂草，亩用 5%精喹禾灵乳油 25～30 毫升或 10.8%高效氟吡甲禾灵乳油 25～30 毫升，兑水 20～30 千克喷雾；防治阔叶杂草，亩用 30%草除灵悬浮剂 50 克，兑水 20～30 千克喷雾。需要注意的是，当日平均气温低于 10℃时，防治效果较差；当气温低于 5℃以下时，不宜进行喷药，待春季温度回升后及时化学除草。

3. 土壤与水肥管理

（1）施肥。油菜是需肥量较大的作物，需要有机肥与无机肥相结合、根据土壤测定结果和优质油菜需肥规律进行 N、P、K 配方施肥，改变盲目施肥、单一施肥的习惯，提高施肥效果。N 肥以 5∶3∶2 的比例作底肥、苗肥、薹肥施用，P、K、B 肥作底肥 1 次施用。

施足基肥：油菜植株高大，需肥量多，应重视基肥的施用，基肥不足，幼苗瘦弱，进而影响植株的生长乃至油菜的经济产量。基肥以有机肥为主，化肥为辅。一般每亩施有机肥 2 000 千克，45% 的复合肥 25～30 千克。施用方法：结合翻耕整地将有机肥与复合肥深施，切记施肥不能过浅，以免造成油菜中后期脱肥。

早施苗肥：及时提供油菜苗期所需养分，利用冬前短暂的较高气温，促进油菜的生长，达到壮苗越冬，为油菜高产稳产打下基础。一般在定苗时施用，每亩施尿素 5～6 千克。

重施腊肥：追施腊肥能够提高土壤温度 2～3℃，增强抗寒能力，起到冬施春发的效果。腊肥以农家粪为主，一般每亩追施人畜粪 600～800 千克，尿素 5～7 千克，结合中耕将肥料施于油菜根部。可先追肥，再壅根培土。也可撒草木灰、浇粪水等。对于播栽早、长势旺、有徒长趋势，以及 8～9 片绿叶以上的移栽油菜田，要适当控制腊肥的施用。

稳施薹肥：油菜薹期是营养生长和生殖生长并进期，植株迅速抽薹、长枝，叶面积增大，花芽大量分化，是需肥最多的时期，也是增枝增荚的关键时期。施肥时间一般以抽薹中期，薹高 15～30 厘米为好。但长势弱的可在抽薹初期施肥，以免早衰；长势强的可在抽薹后期，薹高 30～50 厘米时追施，以免花期疯长而造成郁闭。每亩施用尿素 5～8 千克。

巧施花肥：油菜抽薹后边开花边结荚，种子的粒数和粒重与开花后的营养条件密切相关。对于长势旺盛，薹期施肥量大的可以不施或少施；对早熟品种不施或在初花期少施。花期追肥可以叶面喷施，在开花结荚时期喷施 0.1%～0.2% 的尿素或 0.2% 的磷酸二氢钾，另外可喷施 1 次 0.2% 硼砂水溶液，防止出现"花而不实"的现象，提高产量。

（2）灌溉。合理排灌是保证油菜高产稳产的重要措施。油菜生育期长，营养体大，枝叶繁茂，一生中需水量较大，油菜产区一般秋、冬降雨偏少，土壤干旱，不利于播种出苗和培育壮苗。生长后期雨水偏多，易造成渍害或涝害，因此，必须根据油菜的需水特点，因地制宜，及时排灌。在寒流来临前灌 1 次水，可有效防止干冻。冻后灌水，应掌握在冷尾暖头的晴天中午进行，以使受冻突起的表面层沉实下去，确保油菜根部与土壤紧密接触，有利于保苗稳根。

（3）土壤改良。在油菜田覆盖秸秆能防冻，抑制杂草生长，秸秆腐烂后还可以改善土壤理化性质，提高土壤肥力。对直播、晚播油菜田来说，每亩秸秆覆盖量 250～300 千克，应均匀覆盖在油菜行间。

四、油菜采收、储藏与加工

油菜终花后 30 天左右，当全株 2/3 角果呈现黄绿色、主花序基部角果转现枇杷黄色、种皮变成黑褐色时，可抢晴收获。收获后在院场垛 4～5 天，堆顶加盖防雨层，抢晴摊晒、脱粒、晒干。待油菜籽含水率降到 8%～10% 时，入仓储藏或运输加工。

第二节 芝麻栽培技术

一、芝麻基本状况简介

芝麻属胡麻科一年生草本植物，是最古老的油料作物之一，因含油量高而有油料作物"皇后"之美誉。芝麻种子富含脂肪和蛋白质，含油量平均为 53.59%，蛋白质含量平均为 22.12%。芝麻油的化学成分以不饱和脂肪酸为主，油酸和亚油酸占 80% 以上。芝麻也是重要的植物蛋白质来源，其蛋白为球蛋白，占脱脂粕的 39.7%～48.4%。芝麻蛋白中含有人体所需的 8 种氨基酸，组成齐全，特别是含硫氨基酸量较高。此外，每百克芝麻籽含碳水化合物 14.4 克、钙 564 毫克、铁 50 毫克，还富含胡萝卜素、卵磷脂、粗纤维、无氮浸出物、灰分等。

芝麻除丰富的营养价值外，其特有的功效使其在医学上具有重要的应用价值。中国医学认为：芝麻为滋养强壮剂，有补血、明目、祛风、润肠、生津、补肾、通乳、养发等功效，目前已把黑芝麻和芝麻油列入了中国药典，明确了功能及使用范围。

芝麻在我国有着悠久的种植历史，分布范围十分广泛，全国各省区都有种植，以黄淮、江汉和长江中下游为主产区，尤以河南、湖北和安徽省种植最多。芝麻作为一种集油料、蔬菜和药用于一体的多功能经济作物，已由以往单纯的油料作物转化为油料经济作物，用于食品加工等行业，对农业以及农村经济的发展发挥了积极作用。

二、产地环境选择与建设以及种植准备

1. 产地环境选择

芝麻地应选择土壤松软、肥沃、不浸水、富含磷、钾和其他营养元素、保水保肥性好、排灌方便的旱地或坡地田块种植为宜，底肥施用农家肥 1 500～2 500 千克/亩，氮肥和硫酸钾各 10 千克/亩，过磷酸钙 30～40 千克/亩，施肥后土壤要深翻，深度要达到 15～20 厘米，土壤要耙平耙匀。在前茬作物收获后及时抢种，种植要起畦，畦长应不超过 30 米，畦宽为 2～3 米，畦高为 15～20 厘米为宜。

2. 品种选择

选用良种是高产的关键因素。应选择高产、优质、抗病抗逆性强的品种，如中芝 7 号、中芝 8 号、中芝 10 号、鄂芝 1 号、襄芝 2 号、豫芝 4 号、豫芝 10 号、豫芝 12 号、豫芝 38 号和黑芝麻 9 号等。这些品种综合性状好，产量高，适应性强，平均每亩产量可达 100 千克以上。

三、种植技术以及管理措施

1. 播种

（1）播种时期。芝麻为喜温作物，春播在 4－5 月，最适宜播种时期为 4 月底至 5 月上中旬。秋播为 7－8 月为宜。播种前可晒种 1 天来提高芝麻的活力，

播种前用药剂拌种，每亩用 40% 多菌灵可湿性粉剂或 3% 苯醚甲环唑悬浮种衣剂 2 毫升，加水调成糊状，与种子拌匀，晾干后播种。芝麻播种时，土壤湿度要适中，墒情要足，芝麻播种方法有撒播、条播和穴播 3 种播种方法，也可以采用育苗移栽的方法。撒播用种量为 300 克/亩，芝麻种子较小，为方便撒播，可以将种子与草木灰或细泥土中混匀撒于畦面，播后适当镇压，以提高保墒能力和出苗率。条播一般采用单秆型品种，用种量一般为 400 克/亩，播种行距为 26～33 厘米，播后盖细泥并轻压实。

（2）播种密度。单秆型品种 1.5 万～1.8 万株，株距 13～16 厘米，行距 26 厘米；分枝型品种 8 000～10 000 株，株距 22～24 厘米，行距 33 厘米。芝麻出苗后要及时间苗，即要求在第 1 对真叶时就要进行第 1 次间苗，拔除过密苗，以叶不搭叶为度，到 3～4 片真叶时要进行第 2 次间苗，以促进芝麻幼苗的均衡健壮生长，防止"苗荒苗"。间苗时，发现缺苗后要及时带土移栽补栽。当芝麻长至 12～15 厘米时，要立即进行最后 1 次间苗并定苗。

2. 田间管理

（1）中耕除草。第 1 对真叶出现时，进行第 1 次中耕除草，深度宜浅；在长出 2～3 对真叶时，进行第 2 次中耕；刚分枝时，进行第 3 次中耕，开花后期，进行浅中耕。也可进行化学除草，在播种后 3 天内，每亩用 960 克/升精异丙甲草胺乳油加水稀释后均匀喷布于土表。若土壤旱情较重，应先灌水调墒，再播种、喷药。土质黏重或有机质含量丰富的田块，应增加 20% 的用药量。另外，也可在出苗后选用茎叶处理剂直接喷杀杂草，在大部分禾本科杂草处于 3～4 叶期时，每亩用 5% 精喹禾灵水乳剂 50 毫升或 15% 精吡氟禾草灵乳油 40～50 毫升或 5% 精喹禾灵乳油 70～100 毫升，加水 40～50 千克稀释后，选择雨后初晴或早、晚有露水时喷洒。土壤干旱时要加大稀释用水量。茎叶处理剂在阴雨较多的季节要用药 2 次。

（2）适时打顶。芝麻为无限开花习性，存在顶端生长优势，盛花阶段后期开的花距收获期不足 30 天，多为无效花，会消耗大量营养物质，使茎部上端后期形成的花、蒴果得不到养分而发育不良，形成无效果实。打顶可减少消耗，促进蒴果生长充实，减少花器脱落，从而增加实粒和粒重，提高产量，提高芝麻的产量和品质。单秆型品种应在生长停止前，茎秆顶端刚冒尖时进行。分枝型品种摘心分 2 次进行。第 1 次适当提早将主茎顶心打去，保分枝生长；第 2 次分枝生长停止前，顶端冒尖时，摘去分枝顶尖。摘心宜在晴天进行，摘尖 3 厘米左右。

3. 病虫害绿色防控

坚持"预防为主、综合防治"的原则。优先采用农业防治、生物防治，科学使用化学防治。芝麻主要病害有立枯病、茎点枯病、枯萎病、叶枯病、疫病、病毒病、芝麻细菌性角斑病等，多发生在开花结蒴期；主要虫害有地老虎、蚜虫、斜纹夜蛾等。这些病虫害发生后，会引起芝麻生长不良或死亡，对产量和品质的影响很大，必须加强防治，特别是要及时选用对路药物将病虫害控制在始发期。以农业防治为基础，通过轮作，清除田间病株残体，降低田间湿度，促进植株生长健壮，并结合药剂防治予以控制。

芝麻立枯病：每千克种子用 15%多·福悬浮种衣剂 20 克拌种。

茎腐病：每千克种子用 30 克/升苯醚甲环唑悬浮种衣剂 3.33～5 毫升进行种子包衣。

枯萎病：可用 0.2%硫酸铜溶液进行喷雾防治，每隔 10 天喷施 1 次，连喷 2～3 次。

叶枯病：初花期和终花前各喷 1 次 4%宁南霉素水剂 133～167 毫升/亩。

疫病：发病初期用 25%甲霜灵可湿性粉剂 500～700 倍液或 58%甲霜灵锰锌可湿性粉剂 500～700 倍液，或 64%杀毒矾可湿性粉剂 500 倍液喷雾防治。

病毒病：选用抗病品种，发病初期用 1%氨基寡糖素可溶液剂 430～540 毫升/亩或 50%氯溴异氰尿酸可湿性粉剂 45～60 克/亩，隔 10 天喷 1 次，连喷 2～3 次，同时注意防治蚜虫。

芝麻细菌性角斑病：可选用温水 48～53℃浸种 30 分钟，或硫酸铜 200 倍液浸种 30 分钟来消灭种子上的病原细菌，加强管理，抓好栽培防病，配方施肥，科学管水，雨后及时清沟排渍降湿；清洁田园，收集病残落叶烧毁。及时喷药预防控病，应在病害尚未出现时喷药预防 1～2 次，发病初期连续喷药封锁发病中心。药剂可选用 1∶1∶100 石灰等量式波尔多液或 6%春雷霉素可溶液剂 47～58 毫升/亩，喷 2～3 次，隔 7～15 天 1 次，前密后疏，交替施用，喷匀喷足。

地老虎：全面铲除并集中处理杂草；用 0.5% 联苯菌菊酯颗粒剂 1.2～2.0 千克/亩或 5% 辛硫磷颗粒剂 4.2～4.8 千克/亩，在 19 时左右撒在植株根部附近诱杀地老虎幼虫；对 3 龄前幼虫可在芝麻幼苗 1～3 对真叶时用 5% 高效氯氟氰菊酯微乳剂 1 000 倍液叶面喷雾防治。

蚜虫：用 10% 吡虫啉可湿性粉剂 3 000 倍液，或 50% 噻虫胺水分散粒剂 5～10 克/亩喷雾防治。

斜纹夜蛾：采用黑光灯诱杀成虫；在幼虫发生期用 5% 敌百虫乳剂 500 倍液或 40% 敌百虫乳油 2 000～3 000 倍液，或 50% 敌敌畏乳油 1 000～1 500 倍液喷雾防治。

4. 水肥管理

（1）科学追肥。开花结蒴期是芝麻生长最旺盛时期，也是需肥高峰期，吸收养分占总量的 70% 左右，必须增施花肥满足需求。实践证明追施化肥可增产 30% 以上。追肥方式是土壤施氮肥和根外喷磷、钾和硼肥。于初花期，每亩追施硫酸铵 10～15 千克或尿素 7.5～10 千克，同时，用 0.4% 的磷酸二氢钾与 0.2% 的硼砂混合溶液进行叶面喷施，5 天左右 1 次，连喷 2 次。

（2）适当浇水。芝麻是不抗涝作物，苗期只要墒情好，一般不浇水；开花结蒴期，若雨量充足不浇水，开花结蒴期浇水太多受渍，容易死株，严重减产；如遇干旱要适当浇水，尤其是盛花期遇旱灌溉更有显著的增产效果；在封顶期，如秋旱少雨应浇水，以促使种子饱满，增加产量。

四、采收与脱粒

芝麻中部蒴果和种子已发育饱满、种子表面无明显水分、种皮呈本品种固有颜色，为一般芝麻品种成熟标准，具体以大部分叶片发黄，部分叶片脱落，茎顶 4～6 厘米呈青黄色，最下部 4～6 厘米蒴果已经开裂时为适宜的收获期，收获过早不高产，收获过迟损失大。因此，要及时收获。但收割后，在露天淋雨 4 天以上会造成严重发芽和霉烂损失，宜待植株上部蒴果种子成熟后收获。收割应于早晨或傍晚进行，以减少籽粒损失。采取小捆搭架晾晒方法，一般每小捆 15～20 株为宜，待大量裂蒴时进行脱粒，脱后再晒，如此 3～4 次可基本脱净。芝麻脱粒后应及时晾晒，以防变质，籽粒霉变颜色变暗，影响芝麻的商品性。

第三节　花生栽培技术

一、花生基本情况简介

花生，又名"落花生""长生果""泥豆"等，属蔷薇目豆科一年生草本植物，起源于南美洲热带、亚热带地区，约于 16 世纪传入我国，19 世纪末有所发展。现在全国各地均有种植，主要分布于辽宁、山东、河北、河南、江苏、福建、广东、广西、四川等地，其中山东种植面积最大，产量最多。

花生果具有很高的营养价值，内含丰富的脂肪和蛋白质。据测定花生果内脂肪含量为 44%~45%，蛋白质含量为 24%~36%，含糖量为 20% 左右。并含有硫胺素、核黄素、烟酸等多种维生素，矿物质含量也很丰富，特别是含有人体必需的氨基酸，有促进脑细胞发育，增加记忆的功能。

花生是世界五大油料作物之一，是食用、榨油兼用的经济作物，在世界农业生产和贸易中占有重要地位。我国是世界花生生产大国，播种面积仅次于印度居全球第二位，而总产量、总消费量和出口量均居世界首位。近年来，随着人们生活质量的提高与高端检测仪器的出现，国内外市场对花生原料及制品提出了更高的要求，对农药残留及丁酰肼、黄曲霉毒素含量要求非常严格。因此，要逐步改变农民的传统种植习惯，不断改进花生的栽培技术，从控制环境污染、选用抗病优质良种、科学田间管理及安全收贮等方面严格操作，以改善花生质量，提高花生产量。

二、产地环境选择及种植准备

1. 选地整地

花生绿色生产需要良好的生态环境，生产区要远离工矿企业，并要远离公路、车站、机场、码头等交通要道，以选择两年以上没有种过花生的、土层深厚、肥力中等、光照充足，土层深 40 厘米以上的中性或弱碱性沙壤土为宜，并且旱能浇、涝能排、不内涝、不干燥的田块。花生属深根作物，主根可深达 30

厘米，对整地要求较严，播前应深耕、细耙，达到上松下实、深浅一致，否则会影响出苗。花生生育时期需大量的气、肥水供应，大气检测标准，对二氧化硫、氮氧化物、总悬浮微粒和氟日检测量，不得超出 GB 3095－82《大气环境质量标准》中所列的一级标准；农田灌溉用水标准，pH 值、总汞、总镉、总砷、总铅、铬（六价）、氯化物、氟化物、氢化物，符合 GB 5084－92《农田灌溉水质标准》中所列的一级标准；土壤标准符合中国土壤环境背景值的算术平均值的 2 倍标准差，即符合土壤污染 1～2 级（污染综合指数≤0.7～1.0）标准。

2. 品种选择

选择综合性好、含油量高、产量高、抗性好的花生品种（系）。适宜种植的品种有：鲁花 9、10、11 号，花育 17、22 号，中花 6、8 号，远杂 9102。

播种前带壳翻晒 2～3 天，剔除裂果败果，播种前一周剥壳。这样可以确保优种精种，提高出苗率，早出苗，出壮苗；播种前用钼酸铵拌种，每 2 克钼酸铵拌 1 千克花生种子。

三、种植技术及田间管理措施

1. 耕作与施肥

冬耕炕地，深耕 30 厘米为佳。施有机肥和生物肥为主，可以配合施用少量化肥（禁用硝态氮肥）。一般地力水平下，产量 300 千克/亩，施有机质含氮量 0.2%以上，需 50℃ 以上高温腐熟的有机肥（包括厩肥、堆肥、绿肥等）1 500～2 000千克、尿素 10 千克、生物磷钾肥 50 千克或者复合肥（N：P：K＝15：15：15）15 千克，土壤磷活化剂 5 千克，田间生物活性钾肥 10 千克。施肥原则以有机肥为主化肥为辅，2/3 的有机肥冬前炕地施入，1/3 有机肥春播前掺化肥施入。夏播施肥注意有机肥是否完全腐熟，完全腐熟的有机质才能施入田里，否则，会造成烧苗。增施磷、钾肥，适当补充硼、钼、锰、铁、锌等微量元素，有利于改善因营养元素缺乏而造成的生长发育不良。

2. 适时播种和合理密植

连续 1 周 5 厘米地温大于 12℃时，种子可发芽。根据当地气候特点选择最佳播种期，原则上，春地膜覆盖栽培花生要比当地露地栽培提早 10～20 天，播种时土壤墒情必须充足。播种深度 3~4 厘米（穴深盖浅）为宜。密度应视土壤肥力和品种而定，一般肥力较好的地块，中熟大粒花生播种密度 8 000~9 000穴/亩（每穴 2 株），中早熟品种每亩播 10 000~11 000穴（每穴 2 株）。夏播品种每亩 10 000~12 000穴（每穴 2 株）为宜。垄作要做到箱面平整，便于覆膜。

3. 田间管理技术要点

（1）查露补缺。播种完毕检查露白，及时盖子，出苗后，查露补缺，做到一播全苗。出苗后培育壮苗剔除弱苗病苗。

（2）中耕除草。花生播种后一周内封闭除草 1 次，亩用 80% 的异松·乙草胺乳剂 150 毫升，兑水 45 千克均匀喷雾。花生团棵时深中耕 1 次，不仅清理杂草，更重要的是改善表土层的水、肥、气、热状况，促进花生根系发达；开花扎针期要彻底清理株间杂草，要注意避免损伤果针和植株；后期封行大批果针入土后，就不再除草了。

（3）灌溉和浇水。花生需水特点是耐旱怕涝，土壤水分接近饱和时，根系吸收能力和根瘤菌的活力会受到影响，叶色变黄。开花结荚期受涝，荚果发育受阻，甚至烂果，烂针。花生耐旱性非常突出，短时期干旱，生长虽然暂时受阻，一旦水分恢复正常，即能很快恢复生长。花生种子发芽、出苗、花芽分化、果针形成、入土、荚果发育都需要足够的水分，所以，花生灌溉或浇水要因生长时期根据气象条件而定。

四、病虫害防治措施

花生的病虫害种类很多，防治病虫害要以绿色生产为前提，采取以预防为主的综合防治措施。

1. 农业防治

（1）因地制宜选用抗病、抗虫能力强的优良品种。

（2）冬季对土壤进行翻耕，清除田间及周边杂草，防止和减少幼虫及虫卵和病害孢子越冬。

（3）杜绝连作。花生是连作障碍非常高的作物，连作难以高产，且会减产，即使短期轮作（1~2 年）也难以获得高产，花生连作 1 年减产 20%，连作 2 年减产30%以上，连作年限越长减产幅度越大。

（4）合理间作、套种防治病虫害。采用小麦、玉米、高粱、谷子与花生间作套种，杜绝与马铃薯、芝麻、豆科作物轮茬和套种间作。

2. 物理防治

田间安装杀虫灯，诱杀小地老虎和蝼虫。或在田间挂设银灰色塑膜条驱避蚜虫。尽可能保护天敌，利用田间捕食螨、寄生蜂、食虫蝇、瓢虫等自然天敌，控制有害生物的发生。

3. 生物和化学防治

花生种植中病虫害种类较多，表7-1列举了主要病虫害的防治方法。

表7-1 花生病虫害防治方法

病虫害	防治方法
青枯病	40%氟菌唑·甲基硫菌灵悬浮剂配合77%硫酸铜钙可湿性粉剂1 000倍液灌根，每株灌药液200毫升，7天1次，连灌3～4次
茎腐病	发病初期用40%戊唑醇悬浮剂3 000倍液喷雾，每隔7～10天1次，连喷2～3次
黑霉病	发病初期选用50%多菌灵可湿性粉剂1 000倍液喷雾，或70%的甲基硫菌灵可湿性粉剂1 000～1 500倍液，每隔7～10天1次，连喷2～3次
根结线虫	使用5%涕灭威颗粒剂400克/亩沟施
蛴螬、蚜虫、斜纹夜蛾、金针虫、地老虎、小造桥虫等	吡虫啉、阿维菌素、达螨灵、白僵菌、苏云金杆菌、甲氨基阿维菌素苯甲酸盐等喷雾，因虫情选择用药

五、收获与储藏

1. 适时收获

花生成熟不是很明显。一般成熟标志是多数荚果已经饱满，果壳内壁呈褐色，地上部分植株基本停止生长，中下部叶片枯黄脱落，上部叶片转黄，茎色变黄，傍晚时复叶就眠运动不灵。花生成熟标志一出现，天气晴好可以等植株完全停止生长或拖5～7天收获，如果遇连阴雨，就要抢晴收获。

2. 晒干

花生安全储藏的关键是干燥。花生种子储藏的安全含水量要低于8%，收获的花生含水量都在 50% 左右，所以，要充分晾晒。储藏时检测种子含水量是否达标。

3. 科学储藏

安全储藏的关键因素是保持种子干燥，降低种子呼吸代谢活动。一般花生种子晾晒达到储藏指标，可以收入麻袋，放在通风干燥遮阴的室内储藏，防止老鼠啃食。

第八章　其他作物绿色高效生产技术

第一节　茶树栽培技术

一、茶树基本状况简介

中国是茶的原产地、世界饮茶文化的发祥地，是茶叶的生产大国，亦是茶叶的出口大国。2017 年，中国主产省（区、市）的茶园面积约 4 485万亩；茶产量为 258 万吨，居世界第一，其中出口 35.5 万吨，居世界第二。

茶树是多年生常绿木本植物，性喜温暖、湿润，不耐寒，分布主要集中在南纬 16°至北纬 30°之间。一生分为幼苗期、幼年期、成年期和衰老期。树龄可达一二百年，但经济年龄一般为 40～50 年。

水源涵养区属于典型的亚热带季风气候，年均降水量 850～950 毫米，年平均气温为 15.9℃，年平均总日照为 2 046小时，年平均无霜期为 248～254 天。境内四季分明、光能充足、雨量适中，是茶树适宜生长区。山区昼夜温差大，茶树光合作用强，呼吸作用弱，内含成分积累高，是我国茶叶生产优势产区和绿茶生产基地。

水源涵养区茶树种植主要分布在山区，大部分茶园建设以纯茶园为主，当前茶园普遍存在水土流失严重、土壤肥力衰退、病虫害多发、产量和品质低下、农残高等问题。为改善茶园生态环境，提高茶叶品质，有必要采用茶树绿色高效栽培技术，使茶叶生产由原来的"数量型"向"质量型"和"效益型"转变，满足消费者对安全富营养的茶食品和饮料可持续发展的需求。

二、基地建设及种植准备

1. 基地选择

茶叶基地选择没有污染源和尘土的适宜场地。水源涵养区茶树种植的适宜高度一般在海拔 1 200 米以下，以海拔 800 米左右最为适宜。海拔过高，温度降低，积温减少，生长期缩短，易受冻害；海拔太低，日照过强，茶叶苦涩味太浓，品质下降。山地茶园开垦坡度一般应该在 25°以下，土壤应为弱酸性，pH 值为 4.0～6.5，土层深厚，土壤有机质应在 1.5% 以上，有效土层在 1 米以上，50 厘米之内无硬结层或黏盘层。

2. 基地建设

以水土保持为中心，重点规划道路及排灌（蓄、排、灌）系统。

（1）道路网设置。根据基地规模、地形和地貌等条件，设置合理的道路系统，包括主道、支道、步道和地头道。缓坡丘陵地干道设在岗顶，坡度较大的山地，干道设在山脚。支道和步道一般按"S"形依山开筑，陡坡茶园禁止开设直上直下的道路，以免水土冲刷。

（2）水利网的设置。建立完善的水利系统，茶园上方与四周荒山陡坡、林地和农田交界处设置隔离沟，隔断雨水径流，两端与沟渠相连。梯地茶园在每台梯地的内侧开一条横沟；坡地茶园每隔 10～15 行开一条横沟。纵沟顺坡设置与原有溪沟连接。结合规划道路网，要沟渠相通，渠塘相连，最好做到小雨不出园，中雨大雨能灌能排。

（3）园地开垦。平地及 15°以内的缓坡地茶园，等高横向开垦；坡度在 15°～25°的建筑内倾等高梯级园地（窄幅梯田）。

修建茶园梯层的要求：梯层等高，环山水平；大弯随势，小弯取直；心土筑埂，表土回沟；外高内低，外埂内沟；梯梯接路，沟沟相通。梯田茶园开垦与建设可参考图 8-1、图 8-2。

宽度在最陡的地段不小于 1.5 米，一般用泥土筑坎的梯高应控制在 1.0～1.5 米范围内，梯壁斜度则在 60°左右。栽种护梯植物（紫穗槐、多年生牧草、爬地兰），固梯护坡。

（4）防风林。茶园四周或茶园内不适合种茶的空地应植树造林，上风口营造防护林。主要道路、沟渠两边种植行道树，梯壁坎边种草。集中连片的茶园可适当种植遮阴树，遮光率控制在 20%～30%。

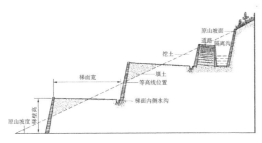

图 8-1 梯田茶园开垦示意图

图 8-2 山地梯级茶园建设实例

（5）间作套养。主要道路、沟渠两边种植行道树，梯壁坎边种草、绿肥、豆类、花生等经济作物；集中连片的茶园应适当种植遮阴树，遮光率控制在20%～30%。建立有机畜禽如猪、羊，鸡、鸭等养殖场，为茶园提供有机肥源，或直接在茶园放养羊、鸡、兔等，达到茶、林、牧生态结合；重视生产基地病虫草害天敌等生物及其栖息地的保护，增加茶园生物多样性。

（6）行间覆盖。利用山草、刈割绿肥、秸秆等铺在茶园行间，铺草厚度应在 10～20 厘米，逐步实现茶园减耕免耕。

3. 良种选用

品种应适应当地生长环境（气候和土壤条件）；符合企业产品定位；茶树品种的茶类适制性。要注意早、中、晚茶树品种物候期的合理搭配，避免生产"洪峰"现象。

推荐在水源涵养区内种植的茶树良种有：龙井长叶、中茶 108、乌牛早、龙井43、鄂茶 1 号、鄂茶 5 号、鄂茶 10 号、陕茶 1 号、紫阳种（无性系）等茶树良种。

三、种植技术以及管理措施

1. 种植技术

（1）种植方式。高海拔、冬季寒冷、年降水量较低地区应该以茶籽直播方式为主，每亩播茶籽25～40千克，每丛播5～6颗。在每年的2—3月及9—10月，根据种植方式不同，每亩种植3 000～6 000株，每丛栽2～3株。

挖沟时，表土放一边，底土放另一边。表土先回沟底，然后施下有机肥和磷肥作底肥，再填上细土（直播的多填些），即可移栽茶苗或茶籽直播。栽植时应扶直茶苗，覆土时将须根覆盖好后，用手将茶苗轻轻向上一提，使茶苗根系自然舒展，并与土壤紧密相接，然后再覆土压紧，随即浇足定根水。降水充足地方茶苗应定植在垄上，避免出现涝渍；环境较为干旱或灌溉水源不足时，应在茶苗两边覆土，并高出地面7～10厘米，在种植线上形成凹形，利于水分集中。有条件的地方可以覆盖地膜，实现保温保墒。种植茶苗根颈离土表距离3厘米左右，根系离底肥10厘米以上（图8-3和图8-4）。

图8-3　茶苗起垄栽培及覆膜

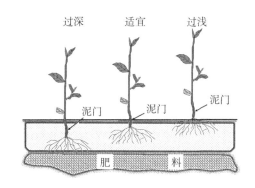

图8-4　茶苗定植深度

（2）种植密度。目前，茶苗种植方式主要有单行条栽和双行条栽两种，根据建园地形地势合理使用不同种植方式。

①单行条栽。行距120～150厘米，丛距25～33厘米，每丛定植2～3株，每亩种植3 000～5 000株（图8-5）。

②双行条栽。大行距为150厘米，小行距为33厘米，丛距33厘米，双行单株或双行双株种植，每亩需茶苗3500～6 000株（图8-6）。

（3）种植前整地与施底肥。

①种植前整地。种前未曾深耕的重新深耕，已经深耕的则开沟施入底肥。平整地面后，按规定行距，开种植沟，建议使用机械设备开沟。若基地之前为耕

地，还需要打破耕作层。

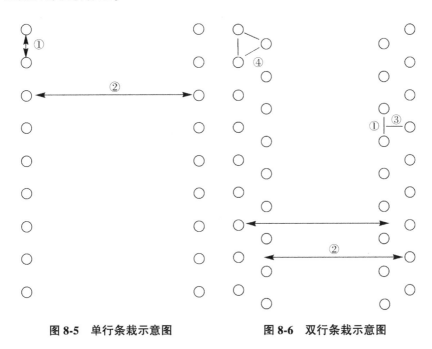

图 8-5　单行条栽示意图　　　　图 8-6　双行条栽示意图

②底肥施肥方法。肥料多时，可以全面施，如果数量少，要集中条施。条施时，表土移开，开深 50 厘米的沟，沟底挖松，按层分施，层层覆土，表土移回。施肥后经过几个月的腐解，待土壤下沉后方可整地，在沟上种茶。种茶时，茶苗或茶籽不可直接与底肥接触，应相距 15 厘米以上，即施肥至离地面 20 厘米左右，再用表土填。

③肥料用量。亩施腐熟有机肥 3～5 吨，饼肥 0.15～0.2 吨，磷、钾肥各 30～50 千克（磷肥应提前 1 个月与有机肥混合堆沤）。

2. 茶树树冠管理技术

树冠要控制在适当的高度、宽幅、间距等，使之既利于水分和养分的运输，提高新陈代谢水平，又便于修剪、采摘管理作业（图 8-7）。

（1）幼龄茶树定型修剪。对 2 足龄至 4 足龄幼龄茶园进行定型修剪，能够促进侧芽萌发，增加有效分枝层次和数量，培养骨干枝，形成宽阔健壮的骨架。

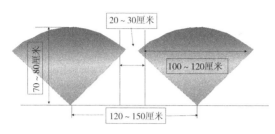
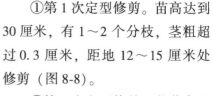

图 8-7　茶树树冠管理要求

①第 1 次定型修剪。苗高达到 30 厘米，有 1～2 个分枝，茎粗超过 0.3 厘米，距地 12～15 厘米处修剪（图 8-8）。

②第 2 次定型修剪。茶苗高达 40 厘米，在原来剪口基础上提高 10～15 厘米，或者在距地 25～30 厘米处修剪（图 8-9）。

图 8-8　第 1 次定型修剪

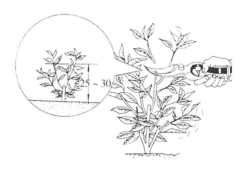

图 8-9　第 2 次定型修剪

③第 3 次定型修剪。在第 2 次剪口的基础上提高 10 厘米左右，距地 35～40 厘米处修剪（图 8-10）。

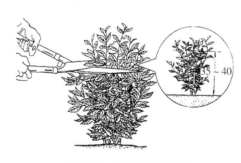

图 8-10　第 3 次定型修剪

茶树在进行 3～4 次定型修剪后，一般高度达 50～60 厘米，幅度达 70～80 厘米，可以开始轻采留养，采摘时留大叶 2 片，以继续增加分枝，待树高达 70 厘米以上时，按轻修剪要求培养树冠。

（2）生产茶园修剪。修剪时期应选择在茶树地上部进入停止生长期进行，对易造成冻害的茶区，也可选择在春茶萌发前 30～35 天进行。对采制名优茶的生产茶园，可推至春茶结束时进行。

①轻修剪。轻修剪能够培养和维持茶树树冠面整齐、平整，便于采摘、管理。同时使发芽基础一致，刺激腋芽生长。

轻修剪分为修平和修面。修平是将茶树冠面上突出的部分枝叶剪去，整平树冠面，修剪程度较浅；修面是为了调节树冠面生长枝的数量和粗度，即剪去树冠面上 3～10 厘米的叶层，修剪程度稍重。

对生长势较旺盛、采摘不及时、留叶较多的茶树宜采用年年剪；生长势较弱、留叶少、采摘及时、树冠平整的茶树，可隔年剪。

②深修剪。深修剪是一种改造树冠的措施。去除鸡爪枝，改造树冠采面生产枝，恢复树势。

以剪去结节枝为原则，结合消除细弱枝，一般剪去冠面上部 15～20 厘米枝条，树冠面绿叶层的 1/2～1/3，以剪尽鸡爪枝为原则。

大体上每隔 3～5 年进行 1 次深修剪。深修剪虽然能起恢复树势的作用，但由于剪位深，对茶树刺激重，因而对当年产量略有影响。

③重修剪。重修剪的主要目的是改造树冠采面下的分枝，保留骨干枝。剪去树高的 1/2 或略多一些，留下离地面高度 30～40 厘米的主要骨干枝。

经过多次轻、深修剪，上部枝条的育芽能力逐步降低，即使加强肥培管理和轻、深修剪也不能得到良好的效果，表现为发芽力不强，芽叶瘦小，对夹叶比例的生育能力、开花结实量大，根颈处不断有更新枝（俗称地枝、徒长枝）发生。如有这种情况，即应当进行重修剪。

④台刈。适用于更新树势过于衰老，芽叶稀少的茶树树体。离地面 5～10 厘米处剪去全部地上部分枝干。

对于出现树势十分衰老，骨干枝上地衣苔藓多，芽叶稀少，枝干灰褐等现象的茶树进行台刈。

（3）修剪后的管理。

①肥水管理。"无肥不改树"，剪前要深施较多的有机肥料和磷肥，剪后待新梢萌发时，及时追施催芽肥。

②合理采摘。定型修剪茶树，要多留少采，做到以养为主，打头轻采；深剪

的成龄茶树，需经1~2季留养，再进行打头轻采，逐步投产。

③病虫防治。对于为害嫩梢新叶的茶蚜、小绿叶蝉、茶尺蠖、茶细蛾、茶卷叶蛾、茶梢蛾、芽枯病等，必须及时检查防治；对于衰老茶树更新复壮时刈割下来的枝叶，必须及时清出园外处理，并对树桩及茶丛周围的地面进行1次彻底喷药防除，以消灭病虫的繁殖基地。

3. 施肥技术

因地制宜、灵活掌握，幼龄茶园应适当提高磷、钾肥用量比例，以促进茶树的根茎生长，培养庞大的根系和粗壮的骨干枝；生产绿茶的茶园，可适当提高氮肥的比例，而生产红茶的茶园则应提高磷、钾肥的比例。

（1）基肥。地上部停止生长后到入冬之前，即11月上、中旬施用基肥。以有机肥、饼肥、厩肥、腐殖酸类肥、绿肥等为主，适当配施磷、钾肥或低氮的三元复合肥。一般每亩施饼肥或商品有机肥200～400千克或农家有机肥1 000～2 000千克。

1~2年生茶树在距根颈10～15厘米处开宽约15厘米、深15～20厘米平行于茶行的施肥沟施入；3～4年生茶树在距根颈35～40厘米处开宽约15厘米、深20～25厘米平行于茶行的施肥沟施入；成龄茶园沿树冠垂直下位置开沟深施，沟深20～30厘米；坡地或窄幅梯级茶园要施在茶行或茶丛的上坡位置和梯级内侧方位，以减少肥料的流失。

（2）追肥。第1次追肥（催芽肥）一般在开采前25～30天为宜；第2次追肥在春茶结束后或春梢生长基本停止时进行，一般为5月上中旬；第3次追肥在夏季采摘后或夏梢基本停止生长后进行，一般为7月下旬。

追肥以速效化肥为主，每亩每次速效氮肥或专用三元复合肥施用量不超过40千克，年最高总用量不超过80千克，施肥后及时盖土。

1~2年生茶树在距根颈10～15厘米处开宽约15厘米、深15～20厘米平行于茶行的施肥沟施入；3～4年生茶树在距根颈35～40厘米处开宽约15厘米、深20～25厘米平行于茶行的施肥沟施入；成龄茶园沿树冠垂直下位置开沟深施，沟深20～30厘米；坡地或窄幅梯级茶园要施在茶行或茶丛的上坡位置和梯级内侧方位，以减少肥料的流失。

4. 主要病虫害种类及绿色防控技术

（1）主要病虫害及其为害状。茶树病虫害的种类繁多，经常发生为害茶树的害虫有 50～60 种，常见茶树病害有 30 余种。在水源涵养区主要的病虫害有小绿叶蝉、茶尺蠖、茶毛虫、黑刺粉虱、茶轮斑病、茶云纹叶枯病、茶赤叶斑病等。

小绿叶蝉：受害芽叶叶缘泛黄，叶脉变红，进而叶缘叶尖萎缩焦枯，生长停滞，芽叶脱落（图 8-11）。

图 8-11 小绿叶蝉种类图解及为害实例

茶尺蠖：主要为害茶树叶片、嫩梢等部位，造成茶树减产，甚者绝收，树体枯死（图 8-12）。

图 8-12 茶尺蠖种类图解及为害实例

茶毛虫：成虫体长约 10 毫米，翅尖淡黄色区内有 2 个黑点，嚼食茶树叶片，造成茶树减产（图 8-13）。

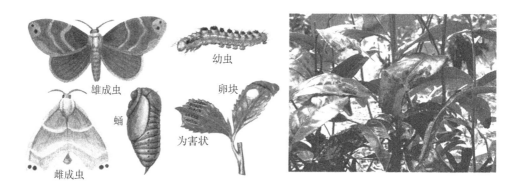

图 8-13 茶毛虫种类图解及为害实例

茶轮斑病：主要为害成熟叶；病斑呈圆形或椭圆形，边缘浅褐色至褐色，中央部灰色，后期病斑正面可见明显的同心轮纹，病斑边缘常有褐色隆起线，病健交界明显（图 8-14）。

茶赤叶斑病：主要为害成熟叶；发病初期从叶缘或叶尖开始形成淡褐色不规则病斑，后变成赤褐色，病斑颜色较均匀，病斑边缘有深褐色隆起线，病健交界明显，后期病斑上生有许多黑色稍微突起的细小粒点，病叶背面黄褐色，较叶正面色淡（图 8-15）。

图 8-14 茶轮斑病为害实例　　　　**图 8-15 茶赤叶斑病为害实例**

（2）病虫害综合防控技术。

①越冬休眠期（10 月至翌年 2 月）防治措施。农业配套措施。剪除病虫枝，清园除草，冬耕培土与施肥。喷药封园。对病害发生严重的茶园，可喷 0.7% 石灰半量式波尔多液，茶橙瘿螨等螨类发生严重的茶园，喷 0.5 波美度石硫合剂封园。

②早春期（3 月）防治措施。农业配套措施：修剪、施肥与除草；保护和利用天敌；性引诱剂诱杀害虫：4－10 月大面积连片用性引诱剂诱杀茶尺蠖、茶毛虫、茶小卷叶蛾和茶毒蛾雄成虫；杀虫灯诱杀害虫：每 20 亩茶园设置 1 盏灯，灯离地面 1.5 米，3 月上旬统一亮灯，10 月下旬停灯，每天 18－23 时开灯。

③春茶期（4 月至 5 月中旬）防治措施。配套农业措施；性引诱剂诱杀害虫，方法同上；色板诱捕害虫：诱捕茶小绿叶蝉、黑刺粉虱、蚜虫等小型昆虫；天敌释放：人工释放捕食螨；生物制剂防治：对虫口密度高必须用农药防治的茶园，对茶黑毒蛾、茶蚕等鳞翅目类害虫可选用生物药剂进行防治。

④夏茶期（5 月中旬至 7 月底）防治措施。灯光诱杀害虫；性诱剂诱杀害虫；药剂防治：对假眼小绿叶蝉、茶尺蠖、茶小卷叶蛾等害虫，虫口密度超过防治指标的有机茶园、绿色食品茶园，可在卵盛孵高峰期或低龄幼虫盛发期针对性使用 100 亿孢子/毫升短稳杆菌悬浮剂 500 倍液、100 亿孢子/克茶尺蠖核型多角体病毒·苏云金杆菌混剂 1 000 倍液、2.5% 鱼藤酮乳油 500 倍液等进行防治，安全间隔期 3～5 天；对茶丽纹象、黑足角胸叶甲等可在成虫盛发初期用 100 亿孢子/克白僵菌 500 倍液防治，安全间隔期 3 天。

⑤秋茶期（8－10 月）防治措施。合理采摘、深耕与除草；灯光诱杀害虫；性诱剂诱杀害虫；药剂防治。

四、茶叶采摘

茶树鲜叶采摘方法、采摘标准、采摘时间等技术指标直接影响茶叶产品登记和品质，对于茶树树冠管理和生长发育也会起到较大作用。

采下的鲜叶，必须及时集中，装入通透性好的竹筐内，并防止挤压，尽快送至茶厂进行炒制，不同鲜叶原料要做到分开摊放，分开加工。

1. 采摘方法

手工采茶要实行提手采，不能用手指掐。主要用于名优茶的采摘。

机械采茶多采用双人采茶机采茶，可降低生产成本，提高经济效益。主要用于夏茶、普茶的采摘。符合采摘标准的茶园可以参照此办法。

2. 采摘标准

细嫩采主要用来制作高档名优茶。如芽茶、1芽1叶、1芽2叶初展的新梢。

适中采主要用来制作大宗茶，一般以采1芽2叶为主，兼采1芽3叶和幼嫩的对夹叶。

成熟采主要用来制作黑砖茶和茶工艺品原料，一般采去1芽4、5叶和对夹3、4叶，也可利用轻修剪原料制作。

3. 采摘技术

一般说来，幼年期茶树以养为主，以采为辅。进入投产后的茶树，以采为主，适度留养，留叶数量一般以树冠叶片互相密接，看不到枝干为适宜。

幼年茶树一般可在第2次定型修剪后，春茶实行春季末打顶采。第3次定型修剪后，骨干枝已基本形成，可实行春、夏茶各留2叶采。成年茶树树冠已基本定型，应以留鱼叶采为主。衰老茶树在衰老前期，可采用春、夏茶留鱼叶采。衰老中期以后，则需对衰老茶树进行不同程度的改造，诸如深修剪、重修剪、台刈等，在改造期间，应参照幼年茶树采摘，养好茶蓬，待树冠形成后，再过渡到成年茶树的采摘与留叶方式进行。

4. 采摘周期

人工手采时，一般春茶蓬面有10%～15%新梢达到采摘标时，就可开采。茶树经开采后，春茶应每隔3～5天采摘1次，夏、秋茶5～8天采摘1次。

机械采摘时，当春茶有80%的新梢符合采摘标准，夏茶有60%的新梢符合采摘标准，秋茶有40%新梢符合采摘标准时就要进行机采。

第二节　桑树栽培技术

一、桑树基本状况简介

桑树，属桑科桑属，落叶乔木，植株高度可达15米。树皮呈黄褐色，树干中富含乳浆，树冠倒卵圆形，叶卵形或宽卵形，聚花果（桑葚，桑果）紫黑色、淡红或白色，多汁味甜。花期4月，果熟5—7月。原产地为中国的中部及北部，有约四千年的栽培史，栽培范围广泛，以长江中下游各地栽培最多，垂直分布大都在海拔1 200米以下。

桑树喜光，对气候、土壤适应性强，耐寒、耐旱、耐贫瘠能力较强，是水土保持、固沙的好树种。桑树具有很高的经济价值，我国种植桑树的历史悠久，也是最早通过桑树养殖桑蚕的国家。桑叶是喂桑蚕的主要饲食料，同时有较好的药用价值，具有祛热清肺、明目、抗菌和降血糖的功效；桑树木材可以制家具、农具，并且可以做小建筑材；桑皮可以造纸；桑条可以编筐；桑葚可以酿酒。随着人民生活水平的提高，对蚕丝的需要量也日益增加，各地可以根据当地具体条件适当地开展种桑事业。

二、桑树品种选择及苗木处理

1. 桑树品种

我国桑树育种工作者通过长期不懈地努力，选育了很多不仅产量高，而且叶质优良的桑树新品种。在生产上每推广一批优良桑品种，都给蚕桑生产的发展和蚕业经济效益的增长带来相当大的影响，而且这些优良桑品种的桑叶营养成分高，适合桑蚕各阶段生长发育需要，并能获得高额的产茧量和出丝率。因此在生产实践中，根据地域条件选择枝条直立紧凑、叶质好、抗性强的桑品种。

（1）川道地区品种选择。在水、肥、光照条件较好的河滩地、平地，适宜选栽优质丰产型桑品种。如农桑14号、育711、强桑1号、陕桑402、鄂桑1号、鄂桑2号等。

（2）浅山丘陵区品种选择。在坡度10°～25°的地块，应选栽抗旱性强的桑品种。如农桑14号、育711、陕桑402、新707、桐乡青、鄂桑1号、鄂桑2号等。

（3）高海拔山区品种选择。高山区土地相对瘠薄，应选栽抗逆性强、抗瘠薄性强的桑品种。如农桑14号、桐乡青、荷叶白、新707等。

2. 苗木的处理

（1）严格检疫环节。在桑树苗木、穗条和种子等调运过程中，应按规定做好桑树危险性病虫害的检验检疫工作，烧毁带有桑瘌、桑萎缩病、桑紫纹羽病、青枯病、根瘤线虫病等检疫对象的桑苗。

（2）修整苗木。将桑苗按品种、大小分类栽植。选栽根系发达、苗木新鲜、冬芽饱满、无病虫害的桑苗。过长的主根或挖伤根、发霉根，修剪后栽植，主根、侧根各留 20 厘米，修去多余根系。

（3）根部消毒。栽植前根部蘸 50% 多菌灵可湿性粉剂 1 000 倍液。

三、桑园地块的选择及整理

桑树虽然具有较强的环境适应能力，但是要想提高桑树栽培质量，取得更好的种植收益，必须科学选择园地，并做好园地整理工作。在栽种前需要进行园地翻耕：一是疏松土壤，增加土壤透气性和蓄水能力，利于树苗成活和生长；二是通过翻晒土壤，杀死其中的越冬虫卵，防治病虫害。如果当年气候较为干燥，播种前可以适当进行灌溉。

1. 地块选择

桑树喜偏酸性土壤，园地土壤的 pH 值控制在 6.0～7.0 比较理想，土壤以沙壤土为主，土层肥沃。园地表面平整，方便灌溉。同时还要考虑是否能集中连片、无环境污染、采叶方便、便于耕作管理等要素。

2. 桑园面积规划

根据不同养蚕规模制定适宜的桑园面积，做到集中连片合理布局。一般每亩桑园养蚕 5 张蚕种以上。

3. 桑园道路

在桑园的中心位置方便处修宽 1.5～2.0 米宽的桑园道路，方便机械设备作业与运输，节省桑园管理及采叶劳动强度和减少用工。

4. 灌溉设施

安装喷灌或沟灌设施和排水设施，既可满足桑树旺盛生长需要，还能防止桑园干旱或水涝（图 8-16）。

5. 土壤改良

桑树适宜栽种在有机质含量 1.5% 以上，pH 值在 6.0～7.0 的沙壤土中。对过黏土壤要掺沙处理，对过沙土壤要掺泥处理，改良土壤结构，增强土壤通透性。对过贫瘠土壤栽植前要施足底肥，增强土壤肥力，保障桑树生长有充足的养分。

（1）有机肥源：猪粪、牛粪、鸡粪、蚕粪等各种农家肥，加施适量磷肥。每亩施有机肥4 000～5 000千克。

（2）施肥方法：先把有机肥施入沟底，填表土10～15厘米厚，以免农家肥烧伤桑苗根系。

图8-16　桑园灌溉设施

四、桑树栽植技术

按照宽行密株栽植，以便于通风透光、机械耕作和间作套种。

1. 栽植密度

水田及旱平地一亩栽植1 000株左右，行距1.8米，株距35～40厘米；缓坡地一亩栽植800株左右，行距1.7米，株距50厘米；坡地一亩栽植600株，行距1.7米，株距70厘米。栽桑前按不同地段合理规划不同密度栽植标准（图8-17和图8-18）。

2. 栽植方向

东西向或根据地形条件栽植。平地顺地形栽植，便于耕作和采叶；坡地环山等高线栽植，有利于水土保持，方便耕作和采叶；河滩地顺河流方向栽植，便于通风透光，洪水季节便于泄洪、排涝，减少洪水对桑树的冲击力。

3. 栽植形式

行株距：行距×株距=1.8米×（0.35～0.4）米。整地挖坑：栽植坑0.5米×0.5米，深0.4米。施足基肥：每亩施腐熟的农家肥3 000千克。盖土：基肥上覆盖熟土0.1～0.15米。植苗：栽植深度20～25厘米，栽植时扶正苗干，根系伸展，填熟土踏实，培土成馒头状。

图 8-17　平地栽植　　　　　　图 8-18　坡地栽植

4. 栽植方法

坑栽法：按亩栽植标准放线后，挖 0.3 米×0.3 米、深 0.4 米的坑。开沟栽植法：开挖宽 0.3～0.4 米、深 0.4 米的植沟，沟底整平。

5. 栽植时间

在桑苗落叶至土壤封冻前栽植为宜，也可以在土壤解冻至桑苗发芽前栽植。水源涵养区一般在 11 月是最佳栽植时期。

五、高效密植桑园管理技术

建立高效密植桑园，除了适当密植外，还必须培养出一种有利于光合物形成、消耗少、积累多与栽植密度相适应的树形。按一般规律来说，植株密树形要矮，反之则高。如株密而树干又高，主干则会细长，拳与拳相挤，产生死拳，无效条多，如平地株稀，光能利用率低，达不到高产的目的。

1. 幼龄桑快速成园技术

传统桑园树形培养方法，一般建园 3 年后进入丰产期。采用下述方法，可使新建桑园提前一年半进入丰产期。

（1）桑树树形培养标准。低干树形，主干高 30 厘米，每株桑树培养成 8～12 个枝条的标准树形（图 8-19）。

（2）桑树树形培养方法 。

①定主干。栽植成活后，距离地面 30 厘米处剪去上部多余部分。

②第 1 层支干培养。栽植后翌年 3 月上旬，在桑树主干上部选留 2～3 个健壮芽，其余芽眼全部抹去，长出 2～3 个健壮嫩枝；5 月中旬至 6 月上旬距桑树嫩枝基部 15～20 厘米处剪去上部嫩梢，形成第 1 层支干；在第 1 层支干上，每个支干选留 2～3 个健壮

图 8-19　幼龄桑树树形培养

芽，抹去多余芽眼，并适时疏去多余芽，长出的 4～6 个新梢形成第 2 层枝条。

③第 2 层支干培养。桑树落叶后距枝条基部 10～15 厘米处剪去上部枝条，第 2 层 4～6 个支干形成。

（3）幼龄桑树剪稍后管理。剪稍当时枝干上的叶片不去掉，只去掉多余的叶腋间芽。集中养分，同时有利于光合作用。约 1 周后新芽燕口后及时摘叶留柄（图 8-20）。

疏芽时间：3 月上旬。

图 8-20　摘叶

疏芽方法：除选留的 2～3 个健壮芽，其余芽眼全部抹去。

剪稍时间：冬季或者春季发芽前进行。

（4）施肥。

施肥：剪稍当天每亩施尿素 22 千克或碳铵 59 千克，磷酸钙 49.8 千克，硫酸钾 4 千克，菌肥 4 千克。7 月上旬每亩桑树再次施尿素 44 千克或碳铵 118 千克，菌肥 4 千克。

2. 桑园测土配方施肥

（1）幼龄桑园测土配方施肥。幼龄桑树以培养树形为主，采叶养蚕为辅，

因此施肥量要按桑树营养生长需要计算，施肥方法为两侧沟施或环施，N、P、K、菌肥合理配方。春季最佳施肥时段为2月下旬至3月上旬，亩桑施尿素22千克或碳铵59千克，磷酸钙49.8千克，硫酸钾4千克，菌肥4千克。夏季最佳施肥时段为5月中下旬至6月上旬，亩桑施尿素44千克或碳铵118千克，菌肥4千克。秋季最佳施肥时段为7月上旬，亩桑再次施尿素22千克或碳铵59千克，菌肥4千克。

（2）投产桑园测土配方施肥。针对亩桑产叶2 000～2 500千克的投产桑园。春季最佳施肥时段为2月下旬至3月上旬，亩桑施尿素33千克或碳铵88.5千克，过磷酸钙74.7千克，硫酸钾6千克，菌肥15千克。夏季最佳施肥时段为5月下旬至6月上旬，亩桑施尿素33千克或碳铵88.5千克，硫酸钾6千克，菌肥15千克。秋季最佳施肥时段为7月上旬，亩桑施尿素33千克或碳铵88.5千克。

3. 春季桑园管理

（1）施催芽肥。最佳施肥时间是地温回升到12℃时，即2月下旬至3月上旬。桑树在生长发育过程中，从土壤中吸收的无机养分量较大，合理配施N、P、K、菌肥，不仅桑叶丰产而且茧质好。一般丝茧，育1亩桑园（按800～1 000株/亩）春季需无机肥113.7千克。根据土壤养分测土配方N、P、K、菌肥比例为5∶3∶1∶15千克菌肥/亩计算，其中亩桑施尿素33千克或碳铵88.5千克，过磷酸钙74.7千克，硫酸钾6千克，菌肥8千克，混合均匀后穴施或环施在距桑树主根30厘米处，再覆盖表土。

（2）疏芽。除养成树形应选留主枝外，其余新芽全部疏掉；叶腋间芽全部疏去，以便养成标准树形和集中养分，提高单位面积产叶量和桑叶质量（图8-21）。

（3）病虫害防控。春季最佳防控病虫害时间为桑树脱苞期至5叶前，用80%敌敌畏乳剂1 000～1 500倍稀释液，在无风无雨无露水时喷洒杀虫，6～7天1次，连喷2～3次。周边桑园，必须联防连治。

（4）防止春旱及梅雨。加强排灌管理，防止桑园因干旱缺叶或因雨涝冲毁桑园。

（5）化学除草。用10%草甘膦水剂0.5千克+清水30千克，在无风、无雨晴天 8－12 时，16－19 时，定向喷雾杂草。注意药液绝对不能喷到桑叶上，防止烧伤或杀死桑树。

4. 夏季桑园管理

（1）施肥。施肥时间为 5 月上中旬，根部施肥与叶面喷施及病虫害防控有机结合。根部施肥以含氮高的尿素为主，配施钾肥、菌肥，1 亩地施尿素 33 千克，硫酸钾 6 千克，菌肥 15 千克。

夏季气温高，桑叶生长旺盛，在无雨无露水无风清晨或下午，结合桑园病

图 8-21 疏芽

虫害防控，用 0.3％磷酸二氢钾＋1 000 倍液 80％敌敌畏乳油混合均匀后喷洒在桑叶两面，5～6 天喷 1 次，连喷 2 次，叶面施肥吸收快，用量少，肥效高，见效快，减少桑园病虫害的同时促进桑叶旺盛生长。

（2）排灌。夏季是暴雨多发季节也是干旱季节，既要加强排洪又要做好灌溉工作。

（3）化学除草。夏季由于气温高，杂草生长迅速，要及时用 10％草甘膦水剂 0.5 千克＋30 千克清水定向喷雾杂草。

（4）疏芽。适时疏去三眼叶、腋芽和剩余叶，以集中养分，使桑树产高质优。

（5）套种与桑树壅土。结合桑园套种，并将土壅在桑树主干周围，能够集中土壤肥力，使桑树生长旺盛，同时防止土壤流失。

5. 秋季桑园管理

（1）施肥。施肥时间为 7 月上旬，根部施肥与叶面喷施及病虫害防控有机结合。根部施肥只需施速效性尿素，促进桑树营养生长，增加亩桑产叶量。亩桑施尿素 33 千克，或碳铵 88.5 千克。叶面施肥与病虫害防控方法同夏季桑园中施肥。

（2）排灌。秋季气候多变，有时高温干旱，有时阴雨连绵。需随时做好灌

溉和防涝工作，减少干旱或雨涝带来的桑叶减产损失。

（3）桑褐斑病防控。桑园施肥不科学会造成桑树养分缺乏，对桑病抵抗力下降，特别是桑真菌病类，会不同程度的发生桑褐斑病。

桑褐斑病防控：科学施肥，改单一施尿素或碳铵为氮磷钾按比例配合使用；春蚕、秋蚕结束后，及时进行桑园防病治病工作，减少病原传播机会，杜绝桑病发生。可用50%多菌灵可湿性粉剂1 000倍液，间隔5～7天喷1次，连喷2～3次。

（4）桑树修枝整形。11月下旬至12月上旬，气温下降到10℃后，品种桑园即刻修去病枝、下垂枝、干桩等，并剪去未木质化的秋梢，储存桑树自身养分，增强抗寒能力；普通桑在12月上旬至翌年1月中旬，结合冬季桑园管理修去病枝、下垂枝、干桩，并按树形养成需要剪去上部枝条。同时修去多余枝条，再进行深翻、松土、套种等工作。

6. 冬季桑园管理

（1）桑园冬季管理最佳时间。12月上旬至翌年1月上旬，桑树落叶进入休眠期，及早进行整枝、伐条，减少桑树养分消耗，提高桑树发芽率，增加生长芽，增强树势，提高翌年春叶产量及减少病虫害等作用。

（2）冬季桑园病虫害防控。将桑树上的病虫害叶、病枝、细小枝、下垂枝及死拳、枯桩用桑剪或手锯修除后集中烧毁，切断或减少病原传播途径，也可使树形整齐，养分集中，枝叶茂盛，通风透光。用生石灰粉3千克+食盐0.15千克+清水15千克搅匀，一边搅一边刷白主干、虫洞。

（3）桑树剪伐模式。桑树剪伐模式分冬春伐模式和冬季重剪稍隔年冬春伐模式相结合，管理方式分品种桑园管理和普通桑园管理。

①品种桑园管理及穗条保管。桑树休眠后，剪去枝条秋季未木质化部分，减少养分消耗，提高桑树发芽率，提高嫁接成活率。早春2月上、中旬，在距枝条基部1～2厘米处，剪去上部枝条，做芽接改良接穗备用。

接穗的储藏方法：将剪下的穗条放在阴凉处。地面铺上5～10厘米细沙，细沙上浇水至不浸出即可，保持潮湿。把穗条分别捆成15千克1捆，集中立放在细沙上，四周及上端覆盖潮湿稻草，保持湿润，但不能发霉。

②普通桑园剪伐模式。冬季重剪稍年剪伐技术：土壤肥沃桑园齐有效枝条齐基部1～1.3米处剪去上部枝条，止芯芽少，生长芽多，产叶量高；坡地桑园齐有效枝条基部以上的1/2处剪去上部枝条。

冬春伐年剪伐技术：齐重剪稍枝干基部1～2厘米处剪去上部枝条。

六、桑叶采摘

桑叶是桑树的同化器官，高产桑园夏秋季采叶尤为重要。既要保留维持光合作用的适宜面积，又要及时分批采叶，才有利于提高桑树的全年产叶量。夏秋季过度采叶，使桑树失去大量的同化器官，不仅影响当年秋季产叶，也影响到翌年的产量。

春季1～2龄选采新稍上的适熟叶，3～4龄采三眼叶，5龄分批采枝条下部成熟叶，枝条上部必须留5～7片叶以上。夏蚕期小蚕采新稍上的适熟叶，大蚕期用疏芽叶和新稍下部脚叶。早秋、中秋蚕大蚕期由下而上采枝条下部片叶，枝条上部保留6～7片。晚秋采叶后枝条上部保留3～4片叶。采摘时，摘叶留柄。各季蚕期结束时，枝条上必须留5～7片桑叶吸收制造传输养分，同时疏掉叶腋间芽，使桑树旺盛生长。

七、桑园绿色高效立体种养模式构建

蚕业生产易受气候、生产技术水平、市场行情、劳动力状况等影响，抗风险能力较弱。因此，充分利用好桑园，养蚕大棚等蚕桑资源，开展桑园全年合理套种、套养，改变桑园经营单一模式，降低桑园管理支出，提高桑园产值是提高蚕农综合收益的有效措施。

1. 桑园立体套种模式

春夏季可在桑园行间套种花生、红薯、大豆、蔬菜等，秋冬季可在桑园行间套种地膜马铃薯，将桑园单一的供叶养蚕模式改为复合经营模式，同时减少杂草生长、节省劳力，套种作物秸秆还田还可提高土壤肥力，改良土壤结构。桑园套种是提高桑园土地综合利用率、产出率，增加蚕农收入和保持蚕业生态良性发展的一种有效途径。

（1）不同作物套种时间。花生：3－4月中旬；大豆：5月中旬至6月上旬；红薯：4月上旬至5月下旬；时令蔬菜：3－6月；葱：四季都可栽培；地膜马铃薯：12至翌年1月上旬。

（2）不同作物套种方法。桑园在套种粮食作物（马铃薯、大豆、花生等）或者时令蔬菜（萝卜、白菜、生菜、油麦菜、菠菜、大蒜、辣椒、葱等）时，除常规的施肥、浇水、除草等管理技术外，还应注意不同套种作物的株行距。

种马铃薯时要求行内桑树两边各留0.7米种两垄马铃薯，株距18～30厘米。种大豆时要求行内桑树两边各留0.6米，种3行大豆，行距35厘米，株距25厘米，每穴2棵。种花生时要求行内桑树两边各留0.6米，种3行花生，行距35厘米，株距13～17厘米，每穴2粒。种时令蔬菜时要求桑树行内两边各留0.5米处起垄，垄内根据不同蔬菜的内在要求进行合理播种或移栽（图8-22和图8-23）。

图8-22　桑园套种大豆

图8-23　桑园套种地膜马铃薯

杂草和病虫害的防治原则上以人工和生物防治为主，化学防治为辅，严防桑叶带毒，给蚕桑生产带来损失。此外，秋季套种作物收获后要及时做好施肥、旋耕、整地、束枝等工作。

2. 桑园养鸡技术

桑园养鸡，是在桑园旁边建简易鸡舍或搭盖简易塑料大棚，将刚出壳的雏鸡，在育雏室育雏至 0.25 千克，脱温后再放入桑园散养的饲养方法。桑园养鸡投资少、成本低。鸡可啄食桑园昆虫、各种杂草，同时，鸡粪作为肥源，可促进桑树旺盛生长，减少肥料投资成本，节约饲料。兴桑养蚕、养鸡，互相促进，可提高桑园综合利用率。

（1）桑园地选择。地势干燥，背风向阳，无污染，水源充足，排水良好，桑园地坡度以 5°～15° 为宜。桑园地附近，要有修建鸡舍的地理条件，遮阳面积在 35%～70%。

（2）绿色饲料准备。5 月中下旬地膜马铃薯收获后，及时整地，并在桑园行间等比例套种优质牧草、小白菜、菠菜等绿色食料。播种时，在桑园行间中心位置起垄，垄宽 60 厘米，长顺桑园地形，垄两边修平为采叶、劳作通道。播种方法实行条带撒播，覆盖细土或谷壳。

（3）简易鸡舍准备。为确保小鸡正常生长发育，做到冬防寒、夏避暑、通风良好的圈舍，按 6 只/平方米建设。一般圈舍宽 5 米，长 10 米左右，垛高 3.5 米。鸡舍两侧墙高不低于 2.3 米，两侧墙每间隔 3 米宽安装 0.6 米×1 米的窗户，窗户距地面 1 米高。在门边墙垛及门对面墙垛下，安装排气扇，便于通风换气。房顶第 1 层钉 1 层木板；第 2 层在木板上覆盖 1 层塑料膜或稻草，以防水蒸气进入鸡舍内；第 3 层用 3 厘米厚的泥土进行保温，再用青瓦或机瓦封盖封顶。

（4）饲养管理。

①品种选择。根据市场需求，以选育地方土鸡或肉杂鸡为宜。这类鸡既保持了土种鸡肉蛋产品风味好的优点，生产水平比土鸡高，又比引进的良种鸡抗病力强，生长快，克服了土种鸡优质不高产和品种鸡高产不优质的矛盾。

②投放量及时间。亩桑园投放小鸡数量以 50 只为最佳。第 1 批次小鸡投放时间为 6 月下旬至 7 月下旬，第 2 批次小鸡投放时间为 9 月下旬至翌年 1 月上旬。投放小鸡之前桑园周围用 1～1.5 米竹笆或铁丝网或尼龙网把桑园圈起来，防止丢失或意外损伤。

③牧放。雏鸡 28 日后便可以放到桑园里散养，前 5 天料槽和饮水器应放在鸡舍附近约 1 米处，使其熟悉环境，在这 5 天中，仍按原来育雏的次数饲喂，以后逐

渐适应放牧条件并减少饲喂次数。天气晴好时，清晨将鸡群放出鸡舍，傍晚天渐渐变黑时将鸡群赶回鸡舍内。若气候突然有变，应及时将鸡唤回（图8-24）。

④饲喂方法。鸡群可在每天早晨放牧前先喂适量配合饲料或玉米，傍晚将鸡群召回后再饲喂1次。饲喂量应依季节而异，如秋冬季节桑园杂草、昆虫少，可适当增加玉米量，春夏季节则可适当减少饲喂量。

除种植的优质牧草、绿色蔬菜供鸡食用外，每天1只鸡需配方饲料0.1千克，按早半饱晚适量的原则确定饲量。

图8-24　桑园养鸡

每50～80只鸡投放1个饮水器，放在鸡经常活动的明显地方，天冷时放在太阳下，天热时放在阴凉处。

（5）桑园养鸡病虫害综合防控。就桑园饲养的鸡种而言，对外界环境变化适应性较强。但由于天气的骤变，如风、雨、雷、酷暑等自然因素时，应及时集中鸡群，做好防雨、防寒或防暑降温工作。

鸡群驱虫主要是指驱除体内寄生虫，如蛔虫、绦虫等。一般放牧20～30天后，就要进行第1次驱虫。相隔20～30天后可使用构橼酸脈喹进行第2次驱虫。

用大蒜（素）、中草药、酶制剂和EM菌等拌入饲料或饮水中，可增强鸡群抗病力，促进生长，还可节约饲养成本。在出售前20天停用，以保证鸡肉品味与家庭散养同等。

（6）桑园养鸡蚕病防控及注意事项。每周用1%漂白精液喷洒桑叶正反面各1次，给桑前用0.3%～0.5%的漂白精液喷洒桑叶至不滴水为准，拌匀后喂蚕。

鸡和鸡粪很容易携带病毒，小蚕抗病力差，因此小蚕用叶桑园内禁止养鸡。在对桑树喷药防治病虫害时，应先驱赶鸡群到安全地方避开，以防鸡食入喷过农药的桑叶和青草等中毒。鸡出栏后，应对桑园地进行清理，地面可用生石灰粉或石灰乳液喷洒消毒。桑园地每养1批次鸡，要间隔一段时间再养，或另找1片桑园地饲养，实行"轮牧"。

第三节　烟草栽培技术

一、烟草基本状况简介

烟草原产南美洲，现我国南北各省区广为栽培，是我国重要的经济作物之一，种植面积和产量均居世界首位。烟草也是农业产业中的重要组成部分，发展烟草产业对于农业经济水平的提升十分有利。

烟草是茄科烟草属植物，为一年生或有限多年生草本，全体被腺毛；根粗壮；茎高 0.7～2.0米，基部稍木质化；叶片针形、披针形、矩圆形或卵形，顶端渐尖，基部渐狭至茎成耳状，半抱茎，长 10～70 厘米，宽 8～30 厘米，柄不明显或成翅状柄；顶生花序，圆锥状，花多，花梗长 5～20 毫米；花萼呈筒状或筒状钟形，长 20～25 毫米，裂片三角状披针形，长短不等；花冠漏斗状，淡红色，筒部色更淡，稍弓曲，长 3.5～5.0 厘米，檐部宽 1～1.5 厘米，裂片急尖；在雄蕊中，1 枚显著较其余 4 枚短，不伸出花冠喉部，花丝基部有毛；蒴果，卵状或矩圆状，与宿存萼基本等长；

图 8-25　烟草植株图鉴

种子较小，圆形至宽矩圆形，径约 0.5 毫米，褐色；夏秋季开花结果（图 8-25）。

水源涵养区生态自然环境优美，雨量充沛，光照充足，气候垂直变化极为显著，年平均气温为 15.9℃，年均降水量 850～950 毫米，年平均总日照为 2 046 小时，年平均无霜期为 248～254 天，是我国烤烟生长的气候适宜区。在目前烟草生产过程中，应切实通过应用烟草绿色高效栽培技术，提升烟草产量及质量，增加山区烟农收入。

二、产地环境选择及种植准备

1. 产地环境

主要选择生态环境较好、无污染、空气清新、水源清洁的壤土或黄壤土种植，pH 值 5.5～7.5，有机质、碱解氮、速效磷和有效钾含量的范围一般分别为 3.30～55.41 克/千克、19.70～237.70 克/千克、0.74～154.40 克/千克和 19.70～602.00 克/千克。烟田以"山地烟"为主，主要种植在坡度 15°以下的平地和坡缓地。

2. 种植准备

（1）品种选择。水源涵养区适宜种植的品种有云烟 87、中烟 102 和辽烟 17。种子采用包衣丸化种，能最大限度保证种子的成活率。

（2）烟草漂浮育苗。

①消毒。漂浮育苗是生产无毒苗的主要方法，消毒是漂浮育苗极其重要环节。主要是对基质、育苗盘、育苗池、育苗棚和剪叶及操作器械的消毒。一般提前 1～2 个月开始消毒，主要喷洒广谱型杀虫剂、杀菌剂和除草剂，器械消毒可用浓肥皂水或 30%漂白粉进行消毒。

②装盘。基质装盘首先要调整好基质含水量，标准以手握能成团，松开后轻动即散为宜。装盘时用手指轻压基质不再下落为宜，基质太松中间会出现断层，过于压实影响烟苗根系生长及对营养液的吸收。基质装盘时要保证每个孔穴边界不被遮盖，基质装好后及时放入育苗池，防止基质干燥后从底孔流失。

③播种。根据移栽期确定播种时间，漂浮育苗的苗期一般为 75～85 天，或者出苗后 55～65 天，每个育苗盘播 1～2 粒种子，播完后用基质覆盖，以隐约可见包衣种子即可，播完后放入育苗池中自然吸水，切勿用力下沉育苗盘。

④育苗期管理。育苗基质中不含或含有少量养分，只可满足烟苗最初生长需要，因此要在育苗池中施肥，烟苗生长在含有营养液的育苗池中，营养液氮、磷、钾比例按照 1∶0.5∶1 添加。温度控制对种子发芽至关重要，烟草种子发芽的最适温度为 25～28℃，温度过高影响发芽率，温度过低会延长出苗时间。育苗棚密封性好，湿度大，因此当外界温度降低会在棚内顶部凝结露水，露水下落会

对烟苗造成损伤，这种情况下即使棚内温度降低也要及时开门通风排湿。

烟苗生长过程中还需要剪叶，主要作用控大促小、促进烟苗生长一致，减少遮阴，改善通风透光条件，防止病虫害发生等。研究证明，移栽期每隔 3~4 天剪 1 次，一般剪 3~4 次即可。

移栽前 7~14 天采取断水断肥措施对烟苗进行炼苗，以适应大田生长环境。壮苗标准：苗龄 55~65 天，茎高 8~15 厘米，茎围 2.2~2.5 厘米，茎秆韧性好，根系发达，叶色正绿，清秀无病。

三、种植技术及田间管理

1. 移栽期

烟苗移栽期根据海拔来确定。海拔 1 000 米以下烟区，4 月 20 日前后移栽；海拔 1 000 米以上烟区，4 月 30 日前后移栽。结合烟区海拔、地貌及小气候等因素影响，为确保烟叶正常成熟，烟叶应该在 9 月 20 日前后采烤结束，按照烟叶大田生育期（110~115 天）测算，则烟叶必须在 5 月 10 日前完成移栽，理论上符合烟叶生长条件。因此适度提前移栽期可以保障上部烟叶充分成熟、长势旺盛、整齐度高、提升烟叶质量。

2. 地膜覆盖栽培技术

（1）整地起垄。烟田土壤必须在土壤含水量的适耕范围内翻耕、耙耱，保证表层土壤疏松、土块细碎。一般要在移栽前 20 天完成起垄，垄体行距 1.1~1.2 米，垄高 15~25 厘米，垄面宽 30 厘米，要求垄体饱满、平直、土壤细碎、无杂草。斜坡地要顺等高线起垄，可使雨水流至垄体沟内。

（2）施肥。施肥根据不同烟区气候条件、烟田肥力状况及养分供应状况来确定，主要以有机肥为主，每亩施用 500~1 000 千克优质腐熟的有机质肥料的烟叶品质比单纯施用无机肥明显提高。起垄前按烟苗栽植行开 5~10 厘米深的浅沟，将肥料均匀撒在沟内，然后翻土覆盖成垄。

（3）覆膜。为了克服垄体土壤温度过低带来的不良影响，应当在地温提高到 15℃后，整地、施肥、起垄后，移栽前 13~20 天覆盖地膜，薄膜四周压封严实，以保温、保湿、防除杂草。适时揭膜除草、培土以促进烟株生长。

（4）移栽密度。移栽密度不同，单株叶片数、单叶重、群体叶面积系数等构成烟叶产量因素不同，必然影响烟叶产量和品质，随着密度增加，烟叶产量上升，但上等烟比例和产值却不一定最高，因此合理密度才是最佳选择。移栽烟苗时，用移栽器在垄面打孔，深度为13～15厘米，烤烟适宜的行株距为1.20米×（0.50～0.55）米，密度为1 000～1 100株/亩。

3. 大田管理

（1）保苗。烟草移栽后要避免缺窝、断行，确保单位面积的烟株数量，是实现优质适产的重要条件。

（2）中耕培土。中耕培土一般与除草、追肥相结合，改善烟田的小气候环境，为烟株根系生长创造良好条件。

（3）防止底烘。底烘是指烟株下部叶未达到正常成熟时期就提前发黄或枯萎的现象。一般在旺长后期至采收前发生。底烘会大大降低烟叶干物质，使得叶片较薄，成熟度差，导致光滑叶的原因之一，造成减产。一旦发生底烘，要及时采收底烘叶片，改善田间通风透光条件，防止底烘进一步发展，尽量减少损失。也可以喷0.5%的尿素溶液，以改善下部叶片的营养条件和生理机能。

（4）打顶抹杈。当花蕾长到4～6厘米时，花蕾与幼叶已明显分开，此时将花蕾、花梗连同其下2～3片小叶（又称花叶）一并摘除。打顶抹杈是为了去除顶端优势，减少养分消耗，迫使烟株体内养分消耗更多的分配到叶片中，防止下部叶片底烘，促进中、上部叶开片和内含物质的积累，提高烟叶产量和品质。

（5）烟田除草。烟田除草可减少土壤肥水的无谓消耗，节约肥水，提高烟田肥水效应。减少杂草与烟株争夺阳光，改善田间透光和通风条件和减少病虫害发生条件。满足烟草生长发育对环境条件的要求，促进烟草生长发育良好，提高产量和质量。一般采用中耕除草、化学除草和地膜覆盖除草相结合进行。

（6）早花预防与处理。生产实践证明，凡不能满足烟株正常生长发育要求的栽培措施，尤其苗期管理不当的栽培措施，均易导致早花。防止早花要在品种、移栽时期、提高移栽质量、覆盖地膜和加强田间管理方面入手。一旦发现早花，及早削去主茎，留底叶2～3片，以促进腋芽萌发，选留一个壮芽，并加强田间肥水管理，中耕培土等措施。

（7）主要病虫害及防治。烟草主要病虫害及药剂防治如表8-1所示。

表8-1　烟草主要病虫害防治方法

产品名称	防治对象	施药方法	安全间隔期（天）
2%吡虫啉颗粒剂	烟蚜	穴施	10
1.7%阿维·吡虫啉微乳剂	烟蚜	喷雾	10
3%啶虫脒乳油	烟蚜	喷雾	10
0.5%苦参碱水剂	烟青虫	喷雾	10
25克/升溴氰菊酯乳油	烟青虫	喷雾	10
25克/升高效氯氟氰菊酯乳油	烟青虫	喷雾	10
80%代森锌可湿性粉剂	炭疽病	喷雾	10
68%精甲霜·锰锌	黑胫病	喷淋茎基部	10
50%烯酰吗啉可湿性粉剂	黑胫病	喷淋茎基部	10
10亿CFU/克枯草芽孢杆菌	黑胫病	喷淋茎基部	10
40%菌核净可湿性粉剂	赤星病	喷雾	10
0.3%多抗霉素水剂	赤星病	喷雾	10
0.1亿CFU/克多黏类芽孢杆菌细粒剂	青枯病	浸种，苗床泼浇，灌根	10
8%宁南霉素水剂	病毒病	喷雾	10
20%盐酸吗啉胍可湿性粉剂	病毒病	喷雾	10
2%氨基寡糖素水剂	病毒病	喷雾	10
2.5亿CFU/克厚孢轮枝菌	根结线虫	穴施	10
3%阿维菌素微胶囊剂	根结线虫	穴施	10

四、烟叶采收烘烤

影响烟叶成熟的因素有很多，主要有气候因素、土壤条件、栽培条件、烟叶部位和遗传因素等。烟叶成熟采收的也有定量标准。一是根据烟叶的叶龄，二是根据烟叶烘烤变黄时间。一般下部成熟烟叶的叶龄为50～60天，中部叶为60～70天，上部叶为70～90天，下部成熟烟叶烘烤变黄时间为60～72小时，中部叶为48～60小时，上部叶为36～48小时。

烟叶烘烤是在叶组织尚处于有生命状态下发生以化学成分转化为主的生理生

化变化过程。从外观上表现出烟叶凋零，变黄。后期则是以排除水分的物理过程（即叶片和主脉干燥）为主。

从田间采收的具有一定素质的鲜烟叶能否烤好，即鲜烟叶的质量潜势能否得到充分地显露和发挥还取决于烘烤设备性能和烘烤工艺技术的实施，而烘烤工艺的正确实施则源于对鲜烟叶素质和特性的正确分析判断。因此，烟叶烘烤是一个相对来说既关键又十分复杂的过程。

根据烟叶外观性状的变化，烘烤全过程划分为凋萎、变黄、定色、干片、干筋 5 个阶段（表 8-2）。

表 8-2　烟叶烘烤各阶段的温湿度及时间范围

烘烤阶段	温度（℃）	相对湿度（%）	时间（小时）
变黄阶段	32～42	70～98	24～72
定色阶段	42～55	30～70	24～48
干筋	55～68	<30	16～36

参 考 文 献

艾蕾,2010. 丹江口库区土地利用时空变化及生态安全评价初探[D]. 武汉：华中农业大学.

边银丙,程薇,2016. 香菇安全高效生产与加工技术[M]. 武汉：湖北科学技术出版社.

常堃,蔡婧,李世华,等,2019. 利用虎杖渣进行杏鲍菇工厂化栽培[J]. 中国食用菌,38(7)：113-114.

陈琛,李新生,周建军,等,2013. 天麻素提取纯化及检测技术研究进展[J]. 陕西理工学院学报(自然科学版),29(3)：69-74.

陈广仁,2008. 芝麻栽培技术[J]. 农技服务,25(11)：30-31.

陈继康,熊和平,2015. 苎麻栽培与耕作研究进展[J]. 中国麻业科学,37(4)：216-222.

陈锦永,方金豹,顾红,等,2013. 多效唑在桃上安全使用技术规程[J]. 果农之友(3)：31-32.

陈锐,刘传雪,郑义芳,等. 寒地水稻稳健高产栽培技术-优质超级稻品种龙粳21 配套栽培技术[J]. 北方水稻,40(6)：58-61.

陈树俊,2008. 葡萄的营养与保健[J]. 农产品加工(10)：18-19.

陈思远,2011. 糯玉米无公害栽培要点[J]. 吉林蔬菜(5)：47-48.

陈紫钢,桑子阳,覃少吾,等,2013. 白及高产栽培技术研究[J]. 林业实用技术(6)：55-56.

陈自胜,孙中心,徐安凯,2000. 青贮玉米及其经济效益[J]. 吉林农业科学(4)：41-44.

褚光,陈松,徐春梅,等,2019. 我国水稻栽培技术的研究进展及展望[J]. 中国稻米,25(5)：5-7.

董文召,汤丰收,陈钦勇,2010. 我国花生栽培技术现状与展望[J]. 农业科技通讯(10)：12-15.

顿耀元,黄进,孙琦,等,2018. 十堰市白及绿色高效栽培技术[J]. 农业与技术,38(20)：78-79.

封海东,张泽志,张振,等,2018. 北柴胡与玉米套种技术[J]. 湖北农业科学,57(15)：61-62,66.

封海东,张振,柯磊,等,2019. 茅苍术覆膜绿色高效栽培技术[J]. 中国现代中药,21(1)：68-70.

封海东,周明,张文明,等,2017. 鄂西北地区北柴胡高效实用人工种植技术[J]. 湖北农业科学,56(24)：4821-4823.

冯烨,郭峰,李新国,等,2013. 我国花生栽培模式的演变与发展[J]. 山东农业科学,45(1)：133-136.

傅寿仲,戚存扣,浦惠明,等,2006. 中国油菜栽培科学技术的发展[J]. 中国油料作物学报,28(1)：86-91.

高志勇,赵亚兰,谢恒星,等,2018. 陕西秦岭以北地区烟草栽培技术[J]. 陕西农业科学,64(2)：95-98.

葛鹏飞,2009. 绿色"双低"油菜优质高产栽培技术[J]. 现代农业科技(18)：43-44.

耿维,2019. 水稻种植结构与关键栽培技术分析[J]. 农业与技术,39(2)：110,112.

龚林忠,何华平,刘勇,等,2018. 湖北葡萄产业现状、存在问题及发展建议[J]. 中外葡萄与葡萄酒(4)：9-11,17.

桂杰,林茜,许娟,等,2019. 黄精栽培技术及相关研究[J]. 南方农业,13(11)：38-39.

郭俊英,2019. 桑树标准化栽培技术[J]. 乡村科技(1)：101-102.

郭文忠,徐新福,韩继军,2007. 设施瓜菜无公害生产应用技术[M]. 银川：宁夏人民出版社.

郭燕枝,杨雅伦,孙君茂,2016. 我国油菜产业发展的现状及对策[J]. 农业经济
　　(7)：44-46.

郭远强,彭伟,2018. 中国樱桃栽培管理技术[J]. 落叶果树,50(1)：62-63.

郭远强,杨清鹏,2018. 樱桃主要害虫的发生与防治[J]. 农民致富之友(19)：38.

贺刚,廖衡斌,李文宇,等,2017. 烟草品种和打顶时期对烟草赤星病发病情况
　　的影响[J]. 农学学报,7(12)：65-69.

贺培荣,2012. 不同季节桑园规范化管理技术[J]. 现代农业科技(14)：265,272.

侯贵琼,施德林,2016. 新平县者竜乡林下黄精栽培技术[J]. 云南农业科技(3)：
　　30-31.

侯建忠,2014. 浅析桃树栽培技术及管理[J]. 农技服务,31(2)：100,103.

侯俊,2013. 香菇栽培技术研究[J]. 园艺与种苗(11)：1-4,15.

胡林英,陈富桥,姜爱芹,2018. 2017年我国茶叶产业发展特点分析[J]. 中国茶
　　叶,40(4)：31-33.

湖北省老科技工作者协会,2016. 丹江口库区生态农业建设研究[M]. 武汉：湖
　　北科学技术出版社.

黄路雯,2016. 丹江口市生态农业发展模式研究[D]. 武汉：华中师范大学.

黄士杰,李琳,2005. 草莓高产优质栽培技术[J]. 北方园艺(6)：36-37.

纪珂,2013. 桑树枝条木屑高效栽培香菇技术[J]. 农村新技术(2)：12-13.

江贤国,2008. 花生栽培技术与提高种植效益的措施[J]. 农技服务,25(10)：
　　31-32.

江贤国,2008. 油菜栽培技术与提高种植效益的措施[J]. 农技服务,25(9)：22-
　　23,60.

姜方荣,李锦彪,汪中,等,2019. 烟草栽培技术[J]. 现代农业科技(21)：29.

李洪亮,李洪冰,2007. 青贮玉米开发利用前景及高产栽培技术[J]. 黑龙江农业
　　科学(2)：30-32.

李华,孙辉,杜咏梅,2012. 绿色食品花生栽培技术规程[J]. 现代农业科技(10)：
　　79,87.

李健权,宁静,罗军武,2007. 茶树修剪研究进展[J]. 福建茶叶(4)：12-14.

李克彬,王昌付,朱红,等,2017.湖北宜昌地区羊肚菌避雨设施化栽培技术初探[J].食药用菌,25(6):382-384.

李磊,2010.不同肥料处理对茶树生长和茶叶品质的影响[D].泰安:山东农业大学.

李明姝,姚开,贾冬英,等,2004.花生功能成分及其综合利用[J].中国油脂(9):13-15.

李涛,刘文亮,张广,等,2018.羊肚菌栽培外源营养袋的研究进展[J].中国农学通报,34(26):65-69.

李为民,李世华,肖艳,等,2014.烟秆在代料香菇栽培中应用配方试验[J].食用菌,36(5):32-33.

李伟芳,张威,姜峰,等,2002.花生绿色食品栽培技术[J].中国种业(11):27-28.

李新生,陈琛,杨培君,等,2013.陕西天麻产业发展中存在的问题及对策[J].陕西理工学院学报(社会科学版),31(3):31-34.

李雪英,2016.草莓高产高效栽培技术要点[J].南方农业,10(12):41-42.

李亚莉,侯栋,马真胜,等,2016.兰州百合优质栽培技术[J].中国蔬菜(10):89-91.

李永刚,王婷,2003.青贮玉米的特点及栽培技术[J].中国草食动物(4):28.

李勇,胡兴明,吴恢,等,2010.湖北省桑树栽培现状与发展建议[J].中国蚕业,31(2):30-33.

廖炜,2011.丹江口库区土地利用变化与生态安全调控对策研究[D].武汉:华中师范大学.

林雪静,丁宝,张琼,等,2015.红薯栽培技术要点[J].现代园艺(19):66-67.

刘波,2019.茶树栽培与茶园管理技术发展探究[J].现代园艺(6):18-19.

刘凤之,2017.中国葡萄栽培现状与发展趋势[J].落叶果树,49(1):1-4.

刘辉,2006.高寒地区无公害马铃薯栽培技术[J].中国马铃薯(4):244-245.

刘建峰,2005.烟草早花产生的原因及生产对策[J].陕西农业科学(2):91-130.

刘祥忠,2012.多花黄精种植技术[J].安徽农学通报(上半月刊),18(9):216-217,219.

刘晓涛,2009. 甜玉米营养价值及加工现状研究[J]. 现代农村科技(2)：49,60.

刘秀艳,王丽静,2008. 再论生态农业的内涵及特征[J]. 中国市场(1)：108-109.

刘学铭,陈智毅,唐道邦,2010. 甜玉米的营养功能成分、生物活性及保鲜加工研究进展[J]. 广东农业科学,37(12)：90-94.

刘永,2007. 黄淮地区莲藕无公害生产技术[J]. 吉林蔬菜(4)：31-32.

刘玉纯,姜剑波,2011. A级绿色食品水稻生产技术要点[J]. 农村实用科技信息(1)：4-5.

鲁磊,2011. 优质小麦高产栽培技术[J]. 中国农业信息(2)：24-25.

路向雨,2008. 无公害花生高产栽培技术规程[J]. 农技服务(10)：33,64.

绿云,2015. 绿肥种植还田技术[J]. 农村新技术(12)：53-54.

骆耀平,2008. 茶树栽培学. 第4版[M]. 北京：中国农业出版社.

马济民,2011. 七叶一枝花人工栽培技术[J]. 四川农业科技(9)：34.

马乐宽,杨文杰,续衍雪,等,2017. 丹江口库区及上游水污染防治和水土保持"十三五"规划研究报告[M]. 北京：中国环境出版社.

毛加梅,唐一春,玉香甩,等,2010. 我国生态茶园建设模式研究进展[J]. 耕作与栽培(5)：9-10,13.

孟霞,勒燕飞,王嘉智,等,2017. 甜樱桃果实采后储藏保鲜技术研究综述[J]. 四川林业科技,38(5)：128-132,147.

苗昌泽,2002-05-27. 芝麻高产栽培法[N]. 中国特产报(3).

欧阳西荣,唐守伟,2008. 苎麻高产高效栽培与综合利用技术综述[J]. 中国麻业科学(2)：84-88.

彭家清,吴伟,肖涛,等,2013. 十堰山区猕猴桃栽培技术及发展前景[J]. 北方园艺(12)：40-42.

齐乐,祁春节,2016. 世界柑橘产业现状及发展趋势[J]. 农业展望(12)：46-52.

乔荣,钟霈霖,王天文,2005. 草莓高效栽培技术模式研究[J]. 种子,24(12)：109-110.

屈尚蓝,夏亮,宋流东,等,2015. 阳荷研究进展[J]. 云南中医中药杂志,36(5)：111-113.

任卫华,刘冰,张艳霞,等,2019. 浅析杏树栽培技术[J]. 种子科技,37(12)：69,72.

阮建云,2019. 中国茶树栽培40年[J]. 中国茶叶,41(7)：1-7.

上官学平,2008. 无公害芝麻栽培技术[J]. 山西农业(致富科技)(12)：21.

沈兆敏,2018. 我国柑橘产业必须走高质量发展之路[J]. 科学种养(12)：7-10.

宋宗民,霍军平,2011. 林地杏鲍菇种植技术[J]. 中国果菜(9)：16.

孙红洲,2018. 高产烟草大田管理措施[J]. 河南农业(13)：17.

孙琦,黄进,安菲,等,2018. 秦巴山区(十堰)桃生态栽培技术[J]. 园艺与种苗,38(4)：28-31.

孙伟中,2019. 桑园管理与桑园套种套养技术融合探讨[J]. 北方蚕业,40(2)：39-42.

孙钊,2017. 绿肥种植技术[J]. 农业知识(34)：30-33.

邰善友,2019. 中药黄精栽培技术[J]. 农村新技术(4)：12-13.

谭济才,2002. 茶树病虫害防治学[M]. 北京：中国农业出版社.

谭文文,2018. 冀北山区北苍术栽培技术研究[J]. 农业开发与装备(7)：180-181.

田启建,赵致,2007. 黄精栽培技术研究进展[J]. 中国现代中药,9(8)：32-33,38.

王传义,张忠锋,徐秀红,等,2009. 烟叶烘烤特性研究进展[J]. 中国烟草科学,30(1)：38-41.

王桂梅,邢宝龙,张旭丽,等,2015. 绿豆高产栽培技术[J]. 农业科技通讯(11)：162-164.

王海波,刘凤之,王孝娣,等,2011. 设施葡萄促早栽培花果管理技术[J]. 果农之友(5)：16-17.

王海锋,2011. 丹江口水库水资源可持续发展力研究[D]. 武汉：中国地质大学.

王汉中,2004. 中国油菜品种改良的中长期发展战略[J]. 中国油料作物学报,26(3)：99-102.

王汉中,2010. 我国油菜产业发展的历史回顾与展望[J]. 中国油料作物学报,32(2)：300-302.

王红霞,李花云,魏新田,2013. 味美特别的无公害蔬菜阳荷的栽培及利用[J].

农业开发与装备(11)：118-119.

王建成,苗建军,2013. 马铃薯高产栽培技术[J]. 现代农业(11)：38-39.

王全友,赵向阳,2008. 芝麻向日葵[M]. 南京：江苏科学技术出版社.

王溯,刘岩一,朱彤丹,2010. 优质专用花生品种及其配套栽培技术[J]. 农业科
技通讯(10)：186-188.

王田利,2018. 我国桃树栽培现状、问题及建议[J]. 中国果业信息,35(12)：
13-15.

王婷,李永刚,2005. 青贮玉米高产栽培与适期收获技术[J]. 新疆农垦科技(2)：
7-9.

王彦东,2019. 南水北调中线水源地农业面源污染特征及农户环境行为研究
[D]. 西安：西北农林科技大学.

王永新,王辉,2013. 绿豆高产栽培技术[J]. 现代农业科技(7)：52,54.

王振华,张新,1994. 青贮玉米的开发与利用[J]. 现代农业(8)：20-21.

王志静,蒋迎春,吴黎明,等,2018. 湖北省柑橘病虫害绿色防控年历[J]. 湖北植
保(5)：60-62.

王中林,2019. 绿豆高产栽培技术[J]. 科学种养(10)：17-18.

夏辉,2007. 甜玉米发酵酸乳加工工艺研究[D]. 西安：陕西师范大学.

肖涛,彭家清,程均欢,等,2019. 十堰市猕猴桃产业现状调查及发展对策研究
[J]. 中国果业信息,36(10)：13-15.

肖涛,彭家清,吴伟,等,2014. 湖北十堰猕猴桃夏季管理关键技术[J]. 果树实用
技术与信息(9)：16-17.

熊和平,喻春明,王延周,2005. 饲料用苎麻新品种中饲苎1号的选育研究[J].
中国麻业,27 (1)：1-4.

徐春春,纪龙,陈中督,等,2019. 2018年我国水稻产业形势分析及2019年展望
[J]. 中国稻米,25(2)：1-3,9.

徐华,2014. 茶树树冠培养技术的研究[J]. 赤子(上中旬)(21)：289.

徐建俊,李彪,孙传齐,等,2016. 桑枝屑香菇与杂木屑香菇的品质比较[J]. 北方
园艺(3)：134-137.

徐锦堂,2013. 我国天麻栽培50年研究历史的回顾[J]. 食药用菌,21(1)：58-63.

徐雪云,2007. 高山特色蔬菜阳荷高产栽培技术[J]. 现代农业科技(1)：22.

许婷婷,宫清轩,江晨,等,2010. 我国花生产业的发展现状与前景展望[J]. 山东
农业科学(7)：117-119.

许志斌,2007. 高产玉米栽培关键技术[M]. 银川：宁夏人民出版社.

羊晨,魏宝阳,2018. 羊肚菌栽培技术及产业发展建议[J]. 湖南农业科学(7)：
122-126.

杨逢春,胡新文,韦树桐,等,2006. 中国茶文化与茶树栽培简史[J]. 海南师范学
院学报(自然科学版)(3)：277-282.

杨湄,黄凤洪,2009. 中国芝麻产业现状与存在问题、发展趋势与对策建议[J].
中国油脂,34(1)：7-12.

杨培君,屈亚娟,陈琛,等,2013. 陕西天麻产业发展现状分析[J]. 现代中医药,
33(3)：99-103.

杨小平,罗文宏,熊玉蓉,等,2015. 柑橘优质高效栽培技术[J]. 湖北植保(4)：
59-61.

叶楚华,陈登松,邓文,等,2007. "东桑西移"工程湖北桑树栽培技术措施[J].
山东蚕业(4)：15-17.

尹西鹏,2008. 苍术栽培技术[J]. 现代农业科技(17)：62,66.

于冬梅,尤文忠,张悦,等,2018. 羊肚菌人工栽培研究进展[J]. 辽宁林业科技
(2)：48-51.

于彦春,朱芳,武丽敏,1998. 甜玉米的营养价值及综合利用前景[J]. 吉林蔬菜
(6)：35-36.

翟树林,李元富,李华斌,等,2016. 北柴胡人工栽培技术[J]. 安徽农业科学,44
(3)：151-152.

张东闻,陈运芬,2007. 袋栽平菇高产稳产优质高效新经验[J]. 中国食用菌,26
(6)：54-55.

张凡,郭元平,张九林,等,2013. 十堰市马铃薯产业发展的现状与对策[J]. 安徽
农业科学,41(25)：10498-10499.

张凡,彭宣和,叶青松,等,2015. 十堰市无公害甘薯生产技术规程[J]. 中国种业 (7)：67-68.

张锋,2008. 香菇栽培技术研究进展[J]. 食品工程(2)：28-30,40.

张国庆,陈青君,郭亚萍,等,2013. 北方温室天麻栽培技术[J]. 北方园艺(15)： 160-161.

张继中,何太,2011. 绿豆高产栽培技术[J]. 内蒙古农业科技(1)：129-130.

张九玲,李军,李世华,等,2015. 南方代料黑木耳春栽高产栽培技术[J]. 农业科 技通讯(9)：252-253.

张巧云,2010. 鲜食玉米实用知识[M]. 天津：天津科技翻译出版公司.

张熔,何中华,吴晓琴,等,2014. 草莓无公害设施化栽培技术[J]. 现代农业科技 (19)：88-89.

张世洪,2015. 玉米种植密度的确定与施肥的关键技术[J]. 种子科技,33(1)： 43-45.

张世洪,程定军,郭晓红,等,2010. 高山玉米两膜两段高产栽培技术[J]. 农业科 技通讯(9)：128-129.

张世洪,叶青松,蓝玉梅,2013. 环境友好型玉米高产栽培技术[J]. 农业科技通 讯(11)：156-157.

张世洪,周军,宋伟,等,2013. 玉米新品种郧单19高产创建栽培技术[J]. 中国 种业(12)：80-81.

张正学,2009. 甘薯栽培技术[J]. 安徽农学通报,15(12)：229-230.

赵光辉,方洪枫,陈剑,等,2019. 平菇栽培技术发展与栽培原料消毒、灭菌技术 的创新[J]. 食药用菌,27(2)：122-124.

赵先明,2010. 茶园生产技术规程[J]. 四川农业科技(4)：38-39.

赵增寿,郝平琦,张盈科,2012. 无公害蔬菜生产关键技术[J]. 陕西农业科学,58 (1)：258-259.

赵致,庞玉新,袁媛,等,2005. 药用作物黄精栽培研究进展及栽培的几个关键 问题[J]. 贵州农业科学,33(1)：85-86.

郑钦方,肖聪颖,周文斌,等,2016. 雪峰山七叶一枝花栽培技术研究[J]. 时珍国医国药,27(5)：1220-1221.

中华人民共和国农业部,2009. 麻类技术 100 问[M]. 北京：中国农业出版社.

周彩云,2012. 杏主要病虫害及防治[J]. 乡村科技(5)：22.

周军,兰亚梅,2013. 浅谈十堰市中低产田小麦增产技术与措施[J]. 农业科技通讯(5)：186-188.

周淑荣,郭文场,2014. 苍术栽培管理[J]. 特种经济动植物,17(2)：42-44.

朱涛涛,朱爱国,余永廷,等,2016. 苎麻饲料化的研究[J]. 草业科学,33(2)：338-347.

卓慈利,2019. 猕猴桃栽培技术与病虫害防治措施[J]. 乡村科技(18)：111-112.